全国职业培训推荐教材
人力资源和社会保障部教材办公室评审通过
适合于职业技能短期培训使用

装饰装修水暖工

中国劳动社会保障出版社

图书在版编目（CIP）数据

装饰装修水暖工/李贵宾主编. —北京：中国劳动社会保障出版社，2010

职业技能短期培训教材

ISBN 978-7-5045-8229-4

Ⅰ. 装… Ⅱ. 李… Ⅲ. 工程装修-水暖工-技术培训-教材 Ⅳ. TU832

中国版本图书馆 CIP 数据核字（2010）第 030125 号

中国劳动社会保障出版社出版发行

（北京市惠新东街1号　邮政编码：100029）

出 版 人：张梦欣

*

中国标准出版社秦皇岛印刷厂印刷装订　　新华书店经销
850 毫米×1168 毫米　32 开本　6.25 印张　154 千字
2010 年 3 月第 1 版　2021 年 12 月第 11 次印刷

定价：11.00 元

读者服务部电话：（010）64929211/84209101/64921644
营销中心电话：（010）64962347
出版社网址：http://www.class.com.cn

版权专有　　侵权必究

如有印装差错，请与本社联系调换：（010）81211666
我社将与版权执法机关配合，大力打击盗印、销售和使用盗版图书活动，敬请广大读者协助举报，经查实将给予举报者奖励。

举报电话：（010）64954652

前言

职业技能培训是提高劳动者知识与技能水平、增强劳动者就业能力的有效措施。职业技能短期培训,能够在短期内使受培训者掌握一门技能,达到上岗要求,顺利实现就业。

为了适应开展职业技能短期培训的需要,促进短期培训向规范化发展,提高培训质量,中国劳动社会保障出版社组织编写了职业技能短期培训系列教材,涉及二产和三产百余种职业(工种)。在组织编写教材的过程中,以相应职业(工种)的国家职业标准和岗位要求为依据,并力求使教材具有以下特点:

短。教材适合15~30天的短期培训,在较短的时间内,让受培训者掌握一种技能,从而实现就业。

薄。教材厚度薄,字数一般在10万字左右。教材中只讲述必要的知识和技能,不详细介绍有关的理论,避免多而全,强调有用和实用,从而将最有效的技能传授给受培训者。

易。内容通俗,图文并茂,容易学习和掌握。教材以技能操作和技能培养为主线,用图文相结合的方式,通过实例,一步步地介绍各项操作技能,便于学习、理解和对照操作。

这套教材适合于各级各类职业学校、职业培训机构在开展职业技能短期培训时使用。欢迎职业学校、培训机构和读者对教材中存在的不足之处提出宝贵意见和建议。

人力资源和社会保障部教材办公室

简介

本书共七个单元，前三个单元介绍了常用水暖管材及附件、水暖施工常用量具及工具、水暖工基本操作，使学员初步了解水暖管材及附件的结构、作用和适用范围，掌握水暖施工基本操作技能；后四个单元分别按照安装工艺程序介绍了室内给水系统、室内排水系统、室内采暖工程、保温防腐工程的管道布置与安装等具体操作方法。

本书在编写过程中充分考虑学员的实际情况，用通俗易懂的语言和丰富的图例，帮助学员更快、更好地掌握装饰装修水暖操作技能。

本书主编李贵宾，副主编何海、刘维武，参编杨玮玮、徐栓文、马文鑫、扈学华、宋斌；主审张红、张国忠。

目录

第一单元　常用水暖管材及附件 …………………………（ 1 ）
　模块一　常用管材和管件 ……………………………（ 1 ）
　模块二　常用水暖附件和器具 ………………………（ 30 ）

第二单元　水暖施工常用量具及工具 ……………………（ 45 ）
　模块一　量具 …………………………………………（ 45 ）
　模块二　手工工具 ……………………………………（ 47 ）
　模块三　电动工具 ……………………………………（ 56 ）

第三单元　水暖工基本操作 ………………………………（ 61 ）
　模块一　管件加工工艺 ………………………………（ 61 ）
　模块二　管道的连接 …………………………………（ 85 ）
　模块三　仪表的安装 …………………………………（100）

第四单元　室内给水系统 …………………………………（109）
　模块一　室内给水系统的分类和组成 ………………（109）
　模块二　室内给水管道的布置与敷设 ………………（111）
　模块三　室内给水管道的安装 ………………………（117）

第五单元　室内排水系统 …………………………………（124）
　模块一　室内排水系统的分类和组成 ………………（124）
　模块二　室内排水管道的布置与敷设 ………………（128）
　模块三　室内排水管道的安装 ………………………（134）
　模块四　卫生器具的安装 ……………………………（138）

· I ·

第六单元　室内采暖工程 ……………………………（150）

　　模块一　室内采暖系统 ………………………………（151）
　　模块二　室内采暖系统的安装 …………………………（162）

第七单元　保温防腐工程 ……………………………（184）

　　模块一　管道及设备的防腐 ……………………………（184）
　　模块二　管道及设备的保温 ……………………………（188）

第一单元　常用水暖管材及附件

培训目标： 1. 了解各种管材和管件的种类、特性、规格和使用条件。
2. 掌握常用水暖附件的规格、型号和选用原则。

模块一　常用管材和管件

一、管子及附件的通用标准

各种用途的管道都是由管子及附件组成的。为便于设计、施工单位选用和生产厂家生产，国家制定了统一的标准。通用标准主要指公称通径、公称压力、试验压力和工作压力等。

1. 公称通径

公称通径也称公称直径，是管子和附件的标准直径。系指内径而言的标准，只是近似而不是实际内径。因同一规格的管子和附件的外径相同，但因承受的工作压力不同而壁厚不同，使其内径不相同。公称通径用字母 *DN* 作为标志符号，后面注明公称通径单位为 mm 的尺寸。公称通径用于有缝钢管、铸铁管、混凝土管。而无缝钢管的规格用外径乘以壁厚表示，如 $\phi 159$ mm $\times 4.5$ mm。

管道工程中仍有使用英制单位英寸（in）表示的，1 in = 25.4 mm。低压流体输送用镀锌焊接钢管的规格见表1—1。

表1—1　　低压流体输送用镀锌焊接钢管的规格

公称直径		外径		普通钢管			加厚钢管		
mm	in	外径(mm)	允许偏差	壁厚(mm)	允许偏差(%)	理论质量(kg/m)	壁厚(mm)	允许偏差(%)	理论质量(kg/m)
15	1/2	21.3	±0.5 mm	2.75		1.26	3.25		1.45
20	3/4	26.8		2.75		1.63	3.50		2.01
25	1	33.5		3.25		2.42	4.00		2.91
32	$1\frac{1}{4}$	42.3		3.25		3.13	4.00		3.78
40	$1\frac{1}{4}$	48.0		3.50		3.84	4.25		4.58
50	2	60.0	±1%	3.50	+12 −15	4.88	4.50	+12 −15	6.16
65	$2\frac{1}{2}$	75.5		3.75		6.64	4.50		7.88
80	3	88.5		4.00		8.34	4.75		9.81
100	4	114.0		4.00		10.85	5.00		13.44
125	5	140.0		4.50		15.04	5.50		18.24
150	6	165.0		4.50		17.81	5.50		21.63

2. 公称压力、试验压力和工作压力

公称压力是管子和附件的强度标准。随着温度的升高，材料强度要降低，所以，以某一温度下管材所允许承受的压力作为耐压强度标准，这一温度称为基准温度。管材在基准温度下的耐压强度称为公称压力，用符号 PN 表示。如公称压力为1.6 MPa，记为 PN1.6。

试验压力是指在常温下检验管子和附件强度及严密性能的压力标准。试验压力以 p_S 表示。

工作压力是指管内流动介质的工作压力，用 p_t 表示，t 为介质最高温度 1/10 的整数值。例如，$p_t = p_{12}$，"12" 表示介质最高温度为120℃。

二、钢管及管件

管材包括金属管材和非金属管材两大类，其中金属管材包括有缝钢管、无缝钢管、铜管、不锈钢管和铸铁管等；非金属管材包括塑料管、玻璃钢管、石棉水泥管、预应力混凝土管和陶瓷管等。

所选用管材和附件的材质不仅影响工程质量和造价，而且影响水质的好坏。所以，施工人员应当了解管材的种类、特性、规格和使用条件，以便合理使用。

1. 有缝钢管（焊接钢管）

有缝钢管按制造工艺不同，分为对焊、叠边焊和螺旋焊三种。

有缝钢管常用于冷水、热水和煤气的输送，所以又称为水煤气管。为了防止管壁的腐蚀，将有缝钢管内外表面镀锌，称为镀锌钢管（俗称白铁管），而未镀锌钢管称为黑铁管。镀锌钢管分为热浸镀锌管和冷镀锌管。目前，国家规定室内建筑给水系统中严禁使用冷镀锌管。

（1）直缝卷制焊接钢管。此类焊接钢管是将钢板分块，经卷板机卷制成型，再经焊接而成。它主要用于水、煤气、低压蒸汽等流体的输送。直缝卷制焊接钢管的参考规格见表1—2。

表1—2 直缝卷制焊接钢管的参考规格

公称直径 DN (mm)	外径 (mm)	壁厚 (mm)	理论质量 (kg/m)	公称直径 DN (mm)	外径 (mm)	壁厚 (mm)	理论质量 (kg/m)
150	159	4.5	17.15	300	325	6	47.20
		6	22.64			8	62.60
200	219	6	31.51	350	377	6	54.90
225	245	7	41.09			9	81.60
		6	39.50	400	426	6	62.14
250	273	8	52.30			9	92.60

（2）螺旋缝焊接钢管。螺旋缝焊接钢管是一种大口径钢管，其用途与直缝焊接钢管相同。它是以热轧钢带卷作为管材，在常温下卷曲成型，采用双面自动埋弧焊或单面焊制成的。螺旋缝焊接钢管的规格见表1—3。

表1—3　　　　　　　螺旋缝焊接钢管的规格

外径(mm)	壁厚（mm）				
	6	7	8	9	10
	单位质量（kg/m）				
219	32.03	37.10	42.13	47.11	
245	35.86	41.59	47.26	52.88	
273	40.01	46.42	52.78	59.10	
325	47.70	55.40	63.04	70.64	
337	55.40	64.37	73.30	82.18	91.01

2. 无缝钢管

无缝钢管按制造方法不同分为热轧管和冷拔（轧）管。热轧管的外径为 32~630 mm，壁厚为 2.5~45 mm；冷拔管的外径为 6~200 mm，壁厚为 0.25~14 mm。普通无缝钢管常用规格见表1—4。

无缝钢管的规格常表示为外径乘以壁厚。如外径为 114 mm、壁厚为 4.5 mm 的无缝钢管表示为 ϕ114 mm×4.5 mm。无缝钢管在同一外径下有多种壁厚，管壁越厚，它可承受的工作压力就越高。

无缝钢管适用于高层建筑内及消防系统管道中。通常工作压力在 0.6 MPa 以上的管道应选用无缝钢管。

表 1—4　普通无缝钢管常用规格

外径 (mm)	壁厚 (mm) 理论质量 (kg/m)													
	3	3.5	4	4.5	5	5.5	6	6.5	7	7.5	8	8.5	9	9.5	10
热轧无缝钢管															
38	2.59														
57	4.00	4.62													
76	5.40	6.26	7.10												
89		7.38	8.38	9.38											
108			10.26	11.49	12.70										
133			12.73	14.26	15.78	17.29									
159				17.15	18.99	20.80	22.64								
219							31.52	34.06	36.60	39.12	41.63				
273								42.64	45.92	49.10	52.28	55.45	58.60		
325										58.74	62.54	66.35	70.41	73.92	77.68

续表

冷拔无缝钢管 理论质量（kg/m）

外径 (mm)	壁厚 (mm)														
	3	3.5	4	4.5	5	5.5	6	6.5	7	7.5	8	8.5	9	9.5	10
19	1.18	1.34	1.48	1.61	1.73	1.54	1.92								
24	1.55	1.77	1.97	2.16	2.34	2.51	2.66	2.81	2.93						
30	2.00	2.29	2.56	2.83	3.08	3.32	3.55	3.77	3.97						
38	2.59	2.98	3.35	3.72	4.07	4.41	4.74	5.05	5.35	5.64	5.92	6.18	6.44		
57	4.00	4.62	5.23	5.83	6.41	6.99	7.55	8.10	8.63	9.16	9.67	10.17	10.65	11.31	11.59
76	5.40	6.26	7.10	7.93	8.75	9.56	10.36	11.14	11.91	12.67	13.42	14.15	14.87	15.58	16.28
89	6.30	7.38	8.38	9.38	10.38	11.33	12.28	13.32	14.16	15.07	15.92	16.87	17.76	18.63	19.48
108	7.77	9.02	10.28	11.40	12.70	13.90	15.00	16.27	17.44	18.59	19.73	20.86	21.97	23.08	24.17
133	9.95	11.18	12.75	14.26	15.75	17.29	18.79	20.28	21.75	23.21	24.66	26.10	27.52	28.93	30.33
150	10.85	12.65	14.30	16.11	17.85	19.55	27.25	23.00	24.68	26.36	28.01	29.66	31.29	32.91	34.52

3. 不锈钢管

在化工、炼油、医药装置的配管工程中，由于防腐蚀和某些特殊工艺的需要，常采用不锈钢材质的管材和配件。

在钢中添加铬、镍和其他金属元素，并达到一定的含量时，在钢的表面形成一层致密的氧化膜（Cr_2O_3），可以防止金属表面被腐蚀。这种具有一定耐腐蚀性能的钢材称为不锈钢。

在不锈钢管中，铬是有效的合金元素，其含量应高于11.7%，这样才能起耐腐蚀作用。实际应用中，不锈钢中平均含铬量为13%的称为铬不锈钢。铬不锈钢只能抵抗大气及弱酸的腐蚀。为了提高耐腐蚀性能，在钢中还需添加8%~25%的镍（Ni）和其他元素，这种铬镍不锈钢的金相组织多数是纯奥氏体。

铬镍不锈钢在常温下是无磁性的，在安装中可以根据这一特点识别铬不锈钢和铬镍不锈钢管材。

不锈钢所受的腐蚀主要有晶间腐蚀、点腐蚀和应力腐蚀。不锈钢在加工和焊接施工中，加热至1 100℃以后缓慢冷却或在450~850℃下长期加热时，不锈钢中的碳从奥氏体中析出，碳与晶界上的铬化合生成碳化铬，使晶界上铬的含量降至不锈钢需要的含量值以下，致使晶界处的耐腐蚀性和力学性能显著降低，这种现象称为晶间腐蚀。它是一种危害性很大的腐蚀，因此加工时应特别注意。

点腐蚀是指不锈钢管表面的氧化膜受到局部损坏而引起的腐蚀。在运输和施工过程中，应特别注意保护不锈钢管表面的氧化膜。

应力腐蚀是指由于不锈钢管在冷加工、焊接、强力对口等过程中产生的拉应力与介质共同作用而引起的腐蚀。所以，不锈钢管在安装过程中应进行消除应力处理，以避免发生腐蚀。

不锈钢管有铬镍不锈钢冷拔（轧）的无缝钢管和用不锈钢板制成的卷板钢管。常用无缝不锈钢管的规格见表1—5。

表1—5　　　　　　常用无缝不锈钢管的规格

外径 (mm)	壁厚 (mm)	理论质量 (kg/m)	外径 (mm)	壁厚 (mm)	理论质量 (kg/m)
14	3	0.82	57	3.5	4.65
18	3	1.12	76	4	7.15
25	3	1.64	89	4	8.45
32	3.5	2.74	108	4	10.03
38	3.5	3.00	133	4	12.81
45	3.5	3.60	159	4.5	17.30

4．钢制钢管的管件

钢制钢管的管件多用玛钢或软钢（熟钢）制造而成。有镀锌管件和非镀锌管件之分，给水管道应选用镀锌管件。管件的规格通常指所连接管道的公称通径。钢制螺纹连接管件如图1—1所示。

图1—1　钢制螺纹连接管件

(1) 管箍。用于管径相同的直管连接处,又称管接头或内丝。

(2) 异径管箍。用于异径直管连接处,俗称大小头。

(3) 活接头。用于连接设备或经常拆卸的管道上,俗称油任。

(4) 补心。用于管径变化的连接处,又称内外丝。

(5) 弯头。有45°,90°等径和异径弯头,用于改变管道方向处。

(6) 对丝。用于连接两个距离很近的等径管道配件。

(7) 三通。包括等径三通和异径三通,用于管道分支和汇合处。

(8) 四通。包括等径四通和异径四通,用于管道十字形分支处。

(9) 管堵。用于堵塞管道顶端或预留口处。

三、铸铁管及管件

铸铁管又称生铁管,分为给水铸铁管和排水铸铁管。铸铁管出厂时均应经过沥青浸渍处理,以增强耐腐蚀性能。铸铁管与钢管相比具有耐腐蚀、使用寿命长、价格低等优点,但是铸铁管耐压低,韧性差,质量重。

1. 给水铸铁管及管件

给水铸铁管常用于埋地敷设,其分类见表1—6。

表1—6　　　　　给水铸铁管的分类

分类方法	分类名称	
按制造材料分	普通灰铸铁管	球墨铸铁管
按接口形式分	承插式铸铁管	法兰铸铁管
按铸造形式分	砂型离心铸铁直管	连续铸铁直管

续表

分类方法		分类名称				
按壁厚分	级别	P级	G级	LA级	A级	B级
	型号表示	砂型管 P—500—6000	砂型管 G—500—6000	连续管 LA—500—5000	连续管 A—500—5000	连续管 B—500—5000
	代表意义	P, G 为壁厚分级,500 为公称直径(mm),6000 为管长(mm)		LA, A, B 为壁厚分级,500 为公称直径(mm),5000 为管长(mm)		

铸铁管有低压、中压和高压三种,使用时必须注意它们的工作压力值,以免因压力过大而造成事故。

(1)砂型离心铸铁管。砂型离心铸铁管属于承插式铸铁管,如图1—2所示,其规格见表1—7。

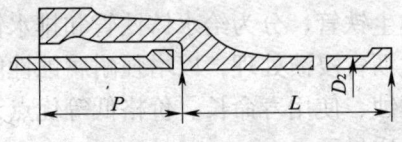

图1—2 砂型离心铸铁管

表1—7 砂型离心铸铁管的规格

公称直径 DN(mm)	壁厚 t(mm)		内径 D_t(mm)	
	P级	G级	P级	G级
200	8.8	10.0	202.4	200
250	9.5	10.8	252.6	250
300	10.0	11.4	302.8	300
350	10.8	12.0	352.4	350

续表

外径 D_2 (mm)	总质量 (kg)			
	有效长度 5 000 mm		有效长度 6 000 mm	
	P 级	G 级	P 级	G 级
220.0	227.0	254.0		
271.6	303.0	340.0		
322.8	381.0	428.0	452.0	509.0
374.0			566.0	623.0

承口凸部质量 (kg)	插口凸部质量 (kg)	直部每米质量 (kg)	
		P 级	G 级
16.30	0.382	42.0	47.5
21.30	0.626	56.5	63.7
26.10	0.741	70.8	80.3
32.60	0.857	88.7	98.3

注：1. 质量按密度为 7.20 g/cm³ 计算。
  2. 标记示例：公称直径为 300 mm、壁厚为 P 级、有效长度为 6 000 mm 的砂型离心铸铁管，其标记为：离心管 P—300—6000。

（2）连续铸铁管。连续铸铁管如图 1—3 所示。它按壁厚不同分为 LA，A 和 B 三级，LA 级适用的工作压力 $p \leqslant 0.75$ MPa；A 级适用的工作压力 $p \leqslant 1.0$ MPa；B 级适用的工作压力 $p \leqslant 1.25$ MPa。连续铸铁管的规格见表 1—8。

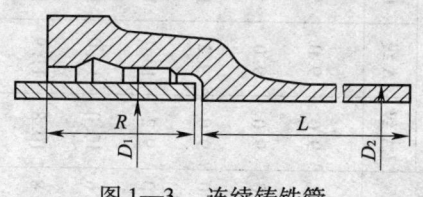

图 1—3　连续铸铁管

（3）球墨铸铁管。球墨铸铁管属于柔性接口，它具有强度高、韧性好、耐腐蚀性强、安装简便等优点。

表 1—8　连续铸铁管的规格

公称直径 DN (mm)	外径 D_2 (mm)	壁厚 t (mm) LA级	壁厚 t (mm) A级	壁厚 t (mm) B级	承口凸部质量 (kg)	直部质量 (kg/m) LA级	直部质量 (kg/m) A级	直部质量 (kg/m) B级	管子总质量 (kg/节) 有效长度 4 000 mm LA级	A级	B级	有效长度 5 000 mm LA级	A级	B级	有效长度 6 000 mm LA级	A级	B级
75	93.0	9.0	9.0	9.0	6.66	17.1	17.1	17.1	75.1	75.1	75.1	92.2	92.2	92.2			
100	118.0	9.0	9.0	9.0	8.26	22.2	22.2	22.2	97.1	97.1	97.1	119	119	119			
150	169.0	9.0	9.2	10.0	11.43	32.6	33.3	36.0	142	145	155	174	178	191	207	211	227
200	220.0	9.2	10.1	11.0	15.62	43.9	43.0	52.0	191	208	224	235	256	276	279	304	328
250	271.6	10.0	11.0	12.0	23.06	59.2	64.8	70.5	260	282	305	319	347	376	378	412	446
300	322.8	10.8	11.9	13.0	28.30	76.2	83.7	91.1	333	363	393	409	447	484	486	531	575
350	374.0	11.7	12.8	14.0	34.01	95.9	104.6	114.0	418	452	490	514	557	604	609	662	719

注：1. 质量按密度 7.20 g/cm³ 计算。
2. 标记示例：公称直径为 500 mm、壁厚为 A 级、有效长度为 5 000 mm 的连续铸造灰铸铁直管，其标记为：连铸管 A—500—5000。

其接口有滑入式（T形）、机械式（K形）和法兰式（RF形）三种形式。如图1—4所示为球墨铸铁管的接口形式。常用接口一般为T形接口，它具有可靠的严密性，安装方便，接口后即可通水使用，不需要养护期。

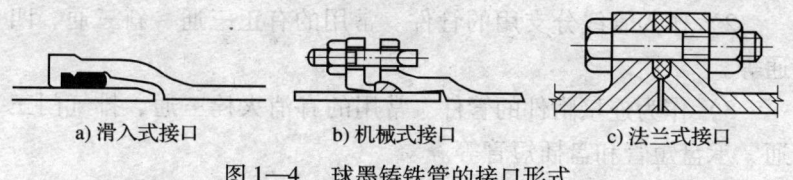

a) 滑入式接口　　b) 机械式接口　　c) 法兰式接口

图1—4　球墨铸铁管的接口形式

（4）给水铸铁管件。常用给水铸铁管件如图1—5所示。

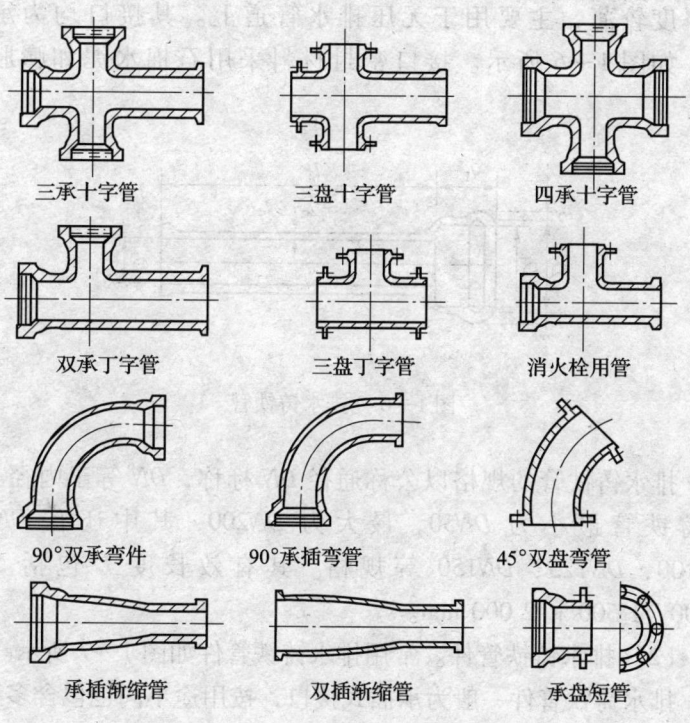

三承十字管　　三盘十字管　　四承十字管

双承丁字管　　三盘丁字管　　消火栓用管

90°双承弯件　　90°承插弯管　　45°双盘弯管

承插渐缩管　　双插渐缩管　　承盘短管

图1—5　常用给水铸铁管件

给水管件也有承插式和法兰式两种接口形式。管件按用途不同可分为以下几种:

1) 作为管线转弯用的管件。常用的有 90°，45°，22.5° 和 11.25° 等弯头。

2) 作为管线分支用的管件。常用的有正三通、斜三通、四通等。

3) 作为连接附件的管件。常用的有消火栓三通、排气门三通、承盘短管和盘插短管等。

2. 排水铸铁管及管件

(1) 排水铸铁管。排水铸铁管用灰铸铁浇铸而成，管壁厚度较薄，主要用于无压排水管道上。其接口均为承插式，如图 1—6 所示。接口密封材料采用石棉水泥和膨胀水泥等。

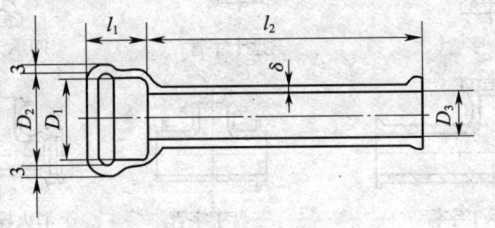

图 1—6 排水铸铁管

排水铸铁管的规格以公称通径 DN 标称，DN 等于内径。排水铸铁管最小为 $DN50$，最大为 $DN200$，其中还有 $DN75$，$DN100$，$DN125$，$DN150$ 等规格。其有效长度 L 包括 500，1 000，1 500 和 2 000 mm。

(2) 排水铸铁管件。常用排水铸铁管件如图 1—7 所示。

排水铸铁管件一般为承插式接口，按用途不同也包含多种管件。排水管路中还有存水弯、清扫口、检查口、地漏等配件。

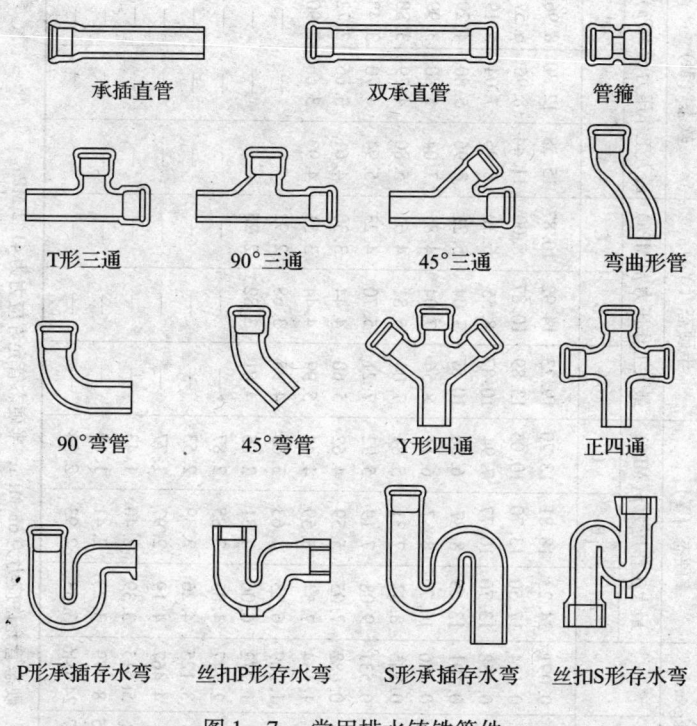

图 1—7 常用排水铸铁管件

四、铜管及铜管管件

1. 无缝铜水管

国家标准《无缝铜水管和铜气管》（GB/T 18033—2007）对公称外径不大于 219 mm 的，用于输送饮用水、卫生用水、煤气和氧气等介质的无缝圆形铜管的产品分类及参数做了明确规定。该标准规定了无缝铜管供货的状态可根据需要分为：硬态，外径为 6～219 mm 的直管；半硬态，外径为 6～54 mm 的直管；软态，外径为 6～35 mm 的直管及外径不超过 15 mm 的盘管。根据铜管的壁厚不同，规定 A，B 和 C 三种类型，分别适用于不同压力和场合的使用要求。无缝铜管的规格见表 1—9。

表1—9　无缝铜管的规格

公称通径 (mm)	公称外径 (mm)	壁厚 (mm) 类型 A	B	C	理论质量 (kg/m) A	B	C	硬态 (Y) 最大工作压力 p(MPa) A	B	C	半硬态 (Y₂) 最大工作压力 p(MPa) A	B	C	软态 (M) 最大工作压力 p(MPa) A	B	C
5	6	1.0	0.8	0.6	0.140	0.116	0.091	24.23	18.81	13.70	19.23	14.92	10.87	15.58	12.30	8.96
6	8	1.0	0.8	0.6	0.196	0.161	0.124	17.50	13.70	10.05	13.89	10.87	8.00	11.44	8.96	6.57
8	10	1.0	0.8	0.6	1.252	0.206	0.158	13.70	10.77	7.94	10.87	8.55	6.30	8.96	7.04	5.19
10	12	1.2	0.8	0.6	0.362	0.251	0.191	13.69	8.87	6.56	10.87	7.04	5.21	8.96	5.80	4.29
15	15	1.2	1.0	0.7	0.463	0.391	0.280	10.79	8.87	6.11	8.56	7.04	4.85	7.04	5.80	3.99
—	18	1.2	1.0	0.8	0.564	0.475	0.385	8.87	7.31	5.81	7.04	5.81	4.61	5.80	4.79	3.80
20	22	1.5	1.2	0.9	0.860	0.698	0.531	9.08	7.19	5.92	7.21	5.70	4.23	5.94	4.70	3.48
25	28	1.5	1.2	0.9	1.111	0.899	0.682	7.05	5.59	4.62	5.60	4.44	3.30	4.61	3.66	2.72
32	35	2.0	1.5	1.2	1.845	1.405	1.134	7.54	5.59	4.44	5.99	4.44	3.51	4.93	3.66	2.90
40	42	2.0	1.5	1.2	2.237	1.699	1.369	6.23	4.63	3.68	4.95	3.68	2.92	—	—	—
50	54	2.5	2.0	1.2	3.600	2.908	1.772	6.06	4.81	2.85	4.81	3.82	2.26	—	—	—
65	67	2.5	2.0	1.5	3.635	3.125	2.747	4.85	3.85	2.87	—	—	—	—	—	—
80	85	2.5	2.0	1.5	5.138	4.138	3.125	4.26	3.39	2.53	—	—	—	—	—	—
100	108	3.5	2.5	1.5	10.226	7.374	4.467	4.19	2.97	1.77	—	—	—	—	—	—
125	133	3.5	2.5	1.5	12.673	9.122	5.515	3.39	2.40	1.43	—	—	—	—	—	—
150	159	4.0	3.0	2.0	17.335	13.085	8.779	3.23	2.41	1.60	—	—	—	—	—	—
200	219	6.0	5.0	4.0	35.733	29.917	24.046	3.53	2.93	2.34	—	—	—	—	—	—

注：1．最大工作压力 p 指工作条件为 65℃时，硬态管允许应力为 63 MPa，半硬态管允许应力为 41.2 MPa。
2．通径——公称内径。

铜管耐腐蚀性能极强,还具有韧性好、质量轻、管壁光滑、接口多为焊接、连接方便等优点,但价格较高,管径偏小。多用于高级建筑物冷、热给水管路中。

2. 铜管管件

铜管管件采用 T2 和 TUP 纯铜材质制作。

(1) 铜制弯头。有 45°、90°和 180°,同径和异径,承插和内螺纹等品种,如图 1—8 所示。

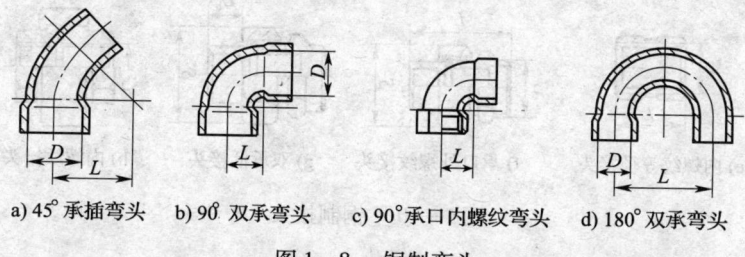

a) 45°承插弯头　b) 90°双承弯头　c) 90°承口内螺纹弯头　d) 180°双承弯头

图 1—8　铜制弯头

(2) 铜制三通。有同径和异径,承插和内螺纹等品种,如图 1—9 所示。

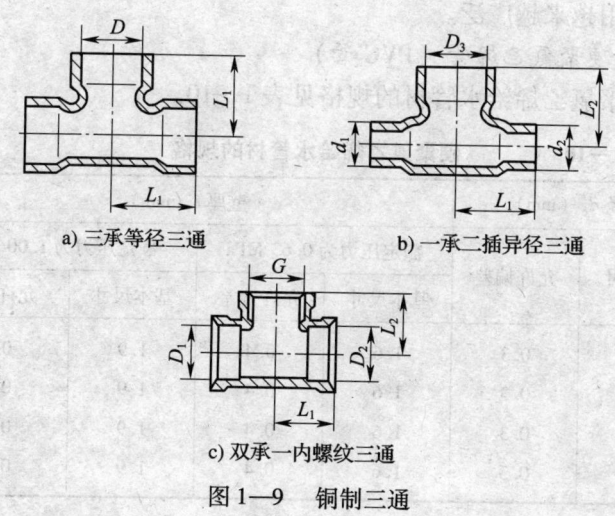

a) 三承等径三通　　　　b) 一承二插异径三通

c) 双承一内螺纹三通

图 1—9　铜制三通

（3）铜制接头。有同径和异径，承插和内螺纹，外螺纹和活接头等品种，如图1—10所示。

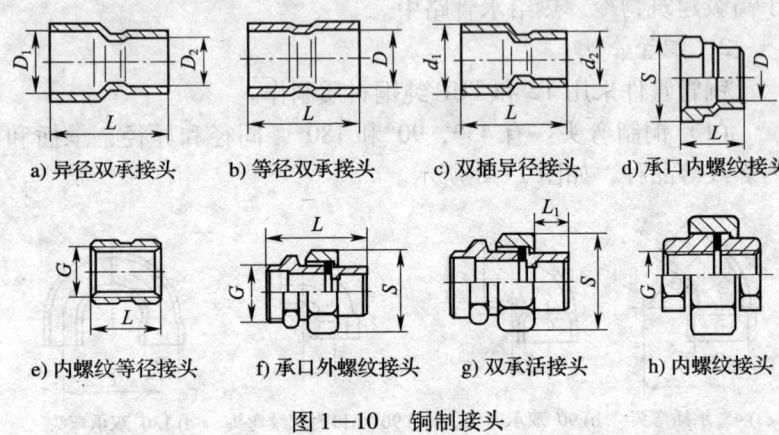

图1—10 铜制接头

五、塑料管

塑料管的品种较多，常用的有硬聚氯乙烯管和聚丙烯管等。随着塑料管各项性能的改进和提高，塑料管在建筑室内设备系统中的应用越来越广泛。

1. 硬聚氯乙烯管（PVC管）

硬聚氯乙烯给水管材的规格见表1—10。

表1—10　　硬聚氯乙烯给水管材的规格

外径 d_e（mm）		壁厚 t（mm）			
基本尺寸	允许偏差	额定压力为0.63 MPa		额定压力为1.00 MPa	
		基本尺寸	允许偏差	基本尺寸	允许偏差
20	0.3	1.6	0.4	1.9	0.4
25	0.3	1.6	0.4	1.9	0.4
32	0.3	1.6	0.4	1.9	0.4
40	0.3	1.6	0.4	1.9	0.4

续表

外径 d_e (mm)		壁厚 t (mm)			
		额定压力为 0.63 MPa		额定压力为 1.00 MPa	
基本尺寸	允许偏差	基本尺寸	允许偏差	基本尺寸	允许偏差
50	0.3	1.6	0.4	2.4	0.5
63	0.3	2.0	0.4	3.0	0.5
75	0.3	2.3	0.5	3.6	0.6
90	0.3	2.8	0.5	4.3	0.7
110	0.4	3.4	0.6	5.3	0.8
125	0.4	3.9	0.6	6.0	0.8
140	0.5	4.3	0.7	6.7	0.9
160	0.5	4.9	0.7	7.7	1.0
180	0.6	5.5	0.8	8.6	1.1

（1）管材及接口形式

1）承插型管材。承插型管材如图 1—11 所示。弹性密封圈式承插口如图 1—12 所示，其尺寸见表 1—11。

溶剂粘接型承插口如图 1—13 所示，其尺寸见表 1—12。

2）平头型管材。采用弹性密封圈连接平头型管材时应按图 1—12 的规定开坡口。

采用溶剂粘接口的平头型管材时需去除管口切割后的外边缘。

（2）主要技术要求

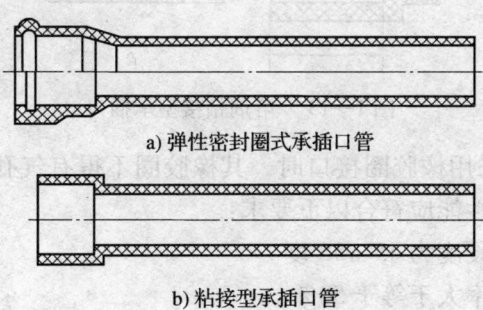

a) 弹性密封圈式承插口管

b) 粘接型承插口管

图 1—11　承插型管材

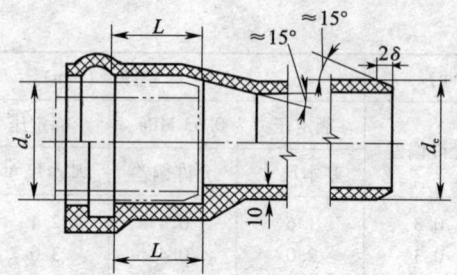

图 1—12　弹性密封圈式承插口

表 1—11　　　　弹性密封圈式承插口的尺寸　　　　　mm

管材公称外径 d_e	最小承口长度 L	管材公称外径 d_e	最小承口长度 L
63	64	180	190
75	67	200	94
90	70	225	100
110	75	250	105
125	78	280	112
140	81	315	118
160	85		

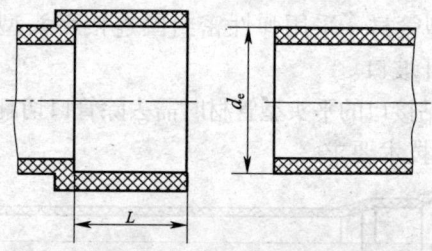

图 1—13　溶剂粘接型承插口

1）当采用橡胶圈接口时，其橡胶圈不得有气孔、裂缝、重皮和接缝，性能应符合以下要求：

①邵氏硬度为 45～55 度。

②伸长率大于等于 50%。

③拉断强度大于等于 16 MPa。

表1—12　　　　溶剂粘接型承插口的尺寸　　　　　　mm

承口公称内径 d_e	最小承口长度 L	在承口深度中点的平均内径（用于有间隙的接头）	
		最小	最大
20	16.0	20.1	20.3
25	18.5	25.1	25.3
32	22.0	32.1	32.3
40	26.0	40.1	40.3
50	31.0	50.1	50.3
63	37.5	63.1	63.6
75	43.5	75.1	75.3
90	51.0	90.1	90.3
110	61.0	110.1	110.4
125	68.5	125.1	125.4
140	76.0	140.2	140.5
160	86.0	160.2	160.5

④永久变形小于20%。

2）使用橡胶圈内径与管插口外径之比宜为0.85~0.90，橡胶圈断面直径压缩率一般为40%。

3）当采用溶剂粘接时，所选用黏结剂的性能应符合以下要求：

①硬化的粘接层对水不产生污染。

②黏附力强，易于涂抹在接合面上。

③固化时间短。

④粘接强度满足管道连接的要求。

2. 聚丙烯（PP—R）管（又称三型聚丙烯）

PP—R管材广泛地应用于建筑冷、热水系统及饮用水和采暖系统中。它具有无毒、耐热、保温、耐磨损、不结垢、原料可回收、质量轻、安装简便可靠、使用寿命长等优点。

(1) PP—R管材的规格。PP—R管材的规格及尺寸偏差见表1—13。

表1—13　　PP—R管材的规格及尺寸偏差

公称外径 DN (mm)	平均允许偏差 (%)	壁厚 t (mm)										
		PN1.0 MPa		PN1.25 MPa		PN1.6 MPa		PN2.0 MPa		PN2.5 MPa		PN3.2 MPa	
		基本尺寸(mm)	允许偏差(%)	基本尺寸(mm)	允许偏差(%)	基本尺寸(mm)	允许偏差(%)	基本尺寸(mm)	允许偏差(%)	基本尺寸(mm)	允许偏差(%)	基本尺寸(mm)	允许偏差(%)
20	+0.30					2.3	+0.50	2.8	+0.50	3.4	+0.60	4.1	+0.70
25	+0.30			2.3	+0.50	2.8	+0.50	3.5	+0.60	4.2	+0.70	5.1	+0.80
32	+0.30	2.4	+0.50	3.0	+0.50	3.6	+0.60	4.4	+0.70	5.4	+0.80	6.5	+0.90
40	+0.40	3.0	+0.50	3.7	+0.60	4.5	+0.70	5.5	+0.80	6.7	+0.90	8.1	+1.10
50	+0.50	3.7	+0.60	4.6	+0.70	5.6	+0.80	6.9	+0.90	8.4	+1.10	10.1	+1.30
63	+0.60	4.7	+0.70	5.8	+0.80	7.1	+1.00	8.7	+1.10	10.5	+1.30	12.7	+1.50

注：PN——公称压力。

(2) 管材质量要求

1) 管材和管件的内、外壁应光滑,无裂口,无气泡,无凹陷。冷水管和热水管应有明显的标志。

2) 管材端面应垂直于管材的轴线。

3) 管件应完整,无缺损,合模缝浇口应平整,无开裂。

4) 接口热熔连接时,应使用厂家提供的专门配套使用的熔接工具,并按照使用说明书的要求操作。

5) PP—R 管在不同水温及使用寿命下的允许压力见表1—14。

表1—14 PP—R 管在不同水温及使用寿命下的允许压力

使用温度 (℃)	使用寿命 (年)	公称压力 PN (MPa)					
		1.0	1.25	1.6	2.0	2.5	3.2
20	1	1.43	1.96	2.27	2.86	3.60	4.53
	5	1.35	1.70	2.14	2.69	3.39	4.26
	10	1.31	1.65	2.08	2.62	3.30	4.15
	25	1.27	1.59	2.01	2.53	3.18	4.01
	50	1.23	1.55	1.96	2.46	3.10	3.90
40	1	1.04	1.30	1.64	2.07	2.60	3.26
	5	0.97	1.22	1.54	1.93	2.43	3.06
	10	0.94	1.18	1.49	1.88	2.36	2.97
	25	0.91	1.14	1.43	1.81	2.27	2.86
	50	0.88	1.11	1.39	1.76	2.21	2.78
60	1	0.74	0.93	1.17	1.47	1.86	2.34
	5	0.69	0.87	1.09	1.37	1.73	2.17
	10	0.67	0.84	1.05	1.33	1.67	2.10
	25	0.64	0.80	1.01	1.28	1.61	2.02
	50	0.62	0.78	0.98	1.23	1.55	1.96

续表

使用温度 (℃)	使用寿命 (年)	公称压力 PN (MPa)					
		1.0	1.25	1.6	2.0	2.5	3.2
70	1	0.62	0.78	0.98	1.24	1.56	1.96
	5	0.58	0.73	0.91	1.15	1.45	1.82
	10	0.56	0.70	0.88	1.11	1.40	1.76
	25	0.49	0.61	0.77	0.97	1.22	1.54
	50	0.41	0.52	0.65	0.82	1.03	1.30
80	1	0.52	0.66	0.83	1.04	1.31	1.65
	5	0.48	0.61	0.76	0.96	1.21	1.52
	10	0.39	0.49	0.62	0.78	0.98	1.23
	25	0.31	0.39	0.50	0.62	0.79	0.99

（3）管道连接管件。PP—R 管件有多种形式，有螺纹、法兰和热熔等多种连接管件。如图 1—14 所示为螺纹连接的聚丙烯管件，图 1—15 所示为法兰连接的聚丙烯管件。

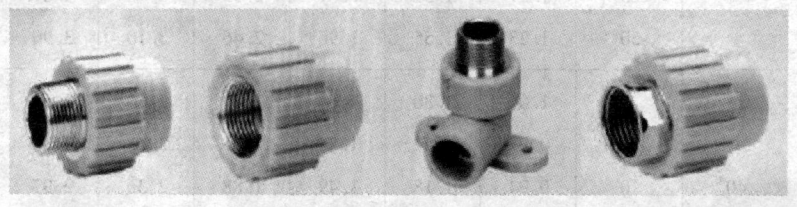

a) 外螺纹管套　　b) 内螺纹接头　　c) 带座外螺纹弯头　　d) 内螺纹管套

图 1—14　螺纹连接的聚丙烯管件

图 1—15　法兰连接的聚丙烯管件

3. 交联聚乙烯管（PEX 管）

（1）PEX 管的特点

1）使用温度范围广，可在 -70~95℃下长期使用。

2）质地坚实，韧性好，抗内压强高，20℃时的爆破压力不小于 5 MPa，95℃时的爆破压力不小于 2 MPa。

3）无毒性，不霉变，不生锈，不结垢，符合卫生规定指标。

4）管材热导率远小于金属管材，隔热及保温性能好，不需保温层，热能损失小。

5）管材可以任意弯曲，在安装时可用热风枪进行弯曲或调直。

6）质量轻，搬运方便，安装简便。

PEX 管材规格尺寸及公差见表 1—15。

表 1—15　　PEX 管材规格尺寸及公差

公称外径（mm）	公称壁厚（mm）	壁厚极限偏差（mm）	单位质量（kg/m）	公称压力（MPa）	长度	使用温度（℃）
14	1.8	+0.3	0.063	0.6~1	200 m/盘	-70~110
16	1.9	+0.3	0.083	0.6~1	160 m/盘	-70~110
20	1.9	+0.4	0.111	0.6~1	120 m/盘　6 m/根	-70~110
25	2.3	+0.4	0.169	0.6~1	100 m/盘　6 m/根	-70~110
32	2.9	+0.5	0.268	0.6~1	80 m/盘　6 m/根	-70~110
40	3.7	+0.6	0.425	0.6~1	6 m/根	-70~110
50	4.6	+0.6	0.659	0.6~1	6 m/根	-70~110

（2）管道连接件

1）螺母连接。PEX 管螺母连接件如图 1—16 所示。连接时，将螺母和C形铜环套入PEX管上，再将内芯接头插入PEX管，用扳手将螺母拧紧即可。

 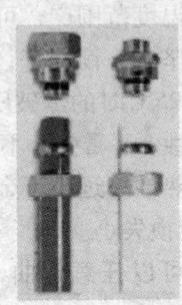

图1—16 PEX管螺母连接件

2）卡环式连接。铜制卡环式连接件如图1—17所示。连接时，将卡环套在弯头上，然后将管材插入卡环，再用专用夹紧钳用力压紧，使接头体上的凸环槽与管材内壁紧紧咬合密封。

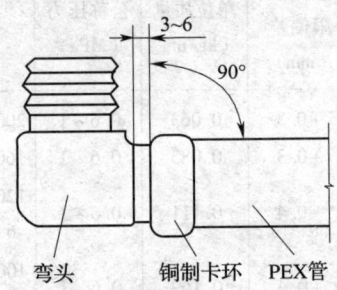

图1—17 铜制卡环式连接件

六、铝塑复合管

复合管是一种集金属与塑料二者优点为一体的新型管材。国内于20世纪90年代末引进，并开发出氩弧焊接式铝塑复合管生产线，在国内得到快速发展和推广使用。

铝塑复合管综合塑料和金属的特性，可在管道安装工程中取代焊接钢管使用。

1. 铝塑复合管的主要性能

（1）耐温范围为 -40 ~ 110℃，耐压 1 MPa。

（2）符合国家标准《食品包装用聚乙烯成型品卫生标准》(GB 9687—88)，适用于饮用水、饮料等输送管道。

（3）内壁光滑，不结垢。

（4）质量轻，易弯曲，可用配套管件，易安装。

（5）管身受压不易变形，无脆性，使用寿命长。

2. 铝塑复合管的规格特性

铝塑复合管的规格特性见表1—16。

表1—16　　　　铝塑复合管的规格特性

品名	规格型号	内径(mm)	外径(mm)	标准工作压力(MPa)	标准工作温度(℃)	爆破强度(MPa)	标准包装(m)	标准质量(kg)	颜色
热水管	R1014	10	14	1.0	95	8.0	200	17.5	白色或橙红色
	R1216	12	16	1.0	95	8.0	200	20.3	
	R1418	14	18	1.0	95	8.0	200	23.9	
	R1620	16	20	1.0	95	7.0	200	29.2	
	R2025	20	25	1.0	95	6.0	100	21.0	
	R2632	26	32	1.0	95	6.0	50	16.2	
	R3240	32	40	1.0	95	6.0	6	3.1	
	R4150	41	50	1.0	95	6.0	6	4.5	
	R5163	51	63	1.0	95	5.5	6	7.7	
	R6075	60	75	1.0	95	5.5	6	10.8	
冷水管	L1014	10	14	1.0	60	8.0	200	17.5	白色
	L1216	12	16	1.0	60	8.0	200	20.3	
	L1418	14	18	1.0	60	8.0	200	23.9	
	L1620	16	20	1.0	60	7.0	200	29.2	
	L2025	20	25	1.0	60	6.0	100	21.0	
	L2632	26	32	1.0	60	6.0	50	16.2	
	L3240	32	40	1.0	60	6.0	6	3.1	
	L4150	41	50	1.0	60	6.0	6	4.5	
	L5163	51	63	1.0	60	5.5	6	7.7	
	L6075	60	75	1.0	60	5.5	6	10.8	

3. 铝塑复合管件的规格

铝塑复合管件的规格见表 1—17。另外，若与镀锌钢管相接，尚需有相应的外螺纹直接头、内螺纹直角弯头和三通等。

表 1—17　　　　　铝塑复合管件的规格

管件	图　　示	规格（mm）
直接头	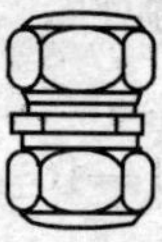	S2632×2632 S2025×2025 S1418×1418 S1216×1216 S1014×1014
异径直接头	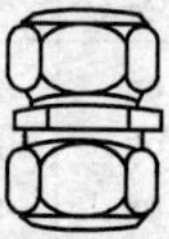	S2632×2025 S2632×1418 S2632×1216 S2025×1418 S2025×1216 S1418×1216 S1418×1014 S1216×1014
直角弯头	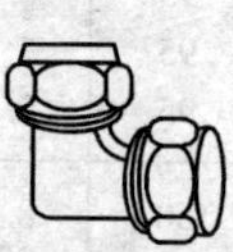	L2632×2632 L2025×2025 L1418×1418 L1216×1216 L1014×1014
三通	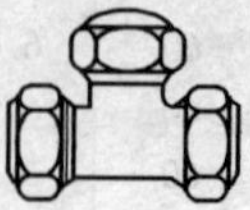	T2632×2632 T2025×2025 T1418×1418 T1216×1216 T1014×1014

续表

管件	图示	规格（mm）
异径三通		T2632×2632×2025 T2632×2632×1418 T2025×2025×1418 T2025×2025×1216 T1418×1418×1216 T1418×1418×1014
塞头		C2632 C2025 C1418 C1216 C1014
管扣		K2632 K2025 K1418 K1216 K1014

4. 铝塑复合管的连接方式

铝塑复合管有螺纹连接和压力连接两种方式。螺纹连接较为常用，如图1—18所示。安装时将螺母和C形铜环套在管上，整圆管口，用扳手拧紧螺母即可。

a) 匹配

b) 安装

图1—18 螺纹连接

模块二　常用水暖附件和器具

一、常用阀件

阀件是管道工程中不可缺少的附件，在管路系统中起控制、切割、减压等作用，以使管路系统正常、安全运行。

1. 阀件标准型号的组成

根据机械行业标准《阀门　型号编制方法》（JB/T 308—2004）规定，任何一种阀件都应有一个特定的型号。阀门型号由阀门类型、驱动方式、连接形式、结构形式、密封面材料或衬里材料类型、压力代号或工作温度下的工作压力以及阀体材料七部分组成，如图1—19所示。

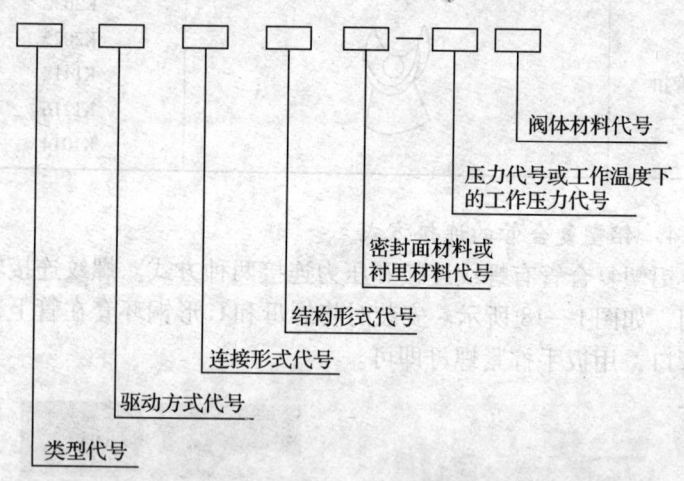

图1—19　阀门型号的组成

第一部分为阀门类型代号，用汉语拼音字母表示，见表1—18。

表1—18　　　　　　阀门类型代号

阀门类型	代号	阀门类型	代号
弹簧载荷安全阀	A	排污阀	P
蝶阀	D	球阀	Q
隔膜阀	G	蒸汽疏水阀	S
杠杆式安全阀	GA	柱塞阀	U
止回阀和底阀	H	旋塞阀	X
截止阀	J	减压阀	Y
节流阀	L	闸阀	Z

第二部分为阀门驱动方式代号，用0~9表示，见表1—19。

表1—19　　　　　阀门驱动方式代号

驱动方式	代号	驱动方式	代号
电磁动	0	锥齿轮	5
电磁—液动	1	气动	6
电—液动	2	液动	7
蜗轮	3	气—液动	8
直齿圆柱齿轮	4	电动	9

注：代号1、代号2及代号8是用在阀门启闭时，需有两种动力源同时对阀门进行操作。

第三部分为连接形式代号，用0~9表示，见表1—20。

表1—20　　　　　连接形式代号

连接形式	代号	连接形式	代号
内螺纹	1	对夹	7
外螺纹	2	卡箍	8
法兰式	4	卡套	9
焊接式	6	—	—

第四部分为阀件结构形式代号,用 0~9 表示,见表 1—21。

表 1—21　　　　阀件结构形式代号

阀件类别	代号								
	0	1	2	3	4	5	6	7	8	9
闸阀		明杆楔式		明杆平行式		暗杆楔式		暗杆平行式		
		单闸板	双闸板	单闸板	双闸板	单闸板	双闸板		双闸板	
蝶阀	杠杆式	垂直板式		斜板式						
截止阀		直通式(铸)	直角式(铸)	直通式(铸)	直角式(铸)	直流式			节流式	其他
旋塞阀		直通式	调节式	直通填料式	三通填料式	保温式	三通保温式	润滑式		
止回阀			升降式			旋启式				
		直通(铸)	立式	直通(锻)	单瓣	多瓣				
疏水器		浮球式		浮桶式		钟形浮子式		脉冲式	热动力式	
减压阀		外弹簧薄膜式	内弹簧薄膜式	膜片活塞式	波纹管式	杠杆弹簧式	气热薄膜式			

第五部分为密封面或衬里材料代号,用规定的字母表示,见表 1—22。

表 1—22　　　密封面或衬里材料代号

密封面或衬里材料	代号	密封面或衬里材料	代号
锡基轴承合金(巴氏合金)	B	氟塑料	F
搪瓷	C	陶瓷	G
渗氮钢	D	Cr13 系不锈钢	H

续表

密封面或衬里材料	代号	密封面或衬里材料	代号
衬胶	J	奥氏体不锈钢	R
蒙乃尔合金	M	塑料	S
尼龙塑料	N	铜合金	T
渗硼钢	P	橡胶	X
衬铅	Q	硬质合金	Y

第六部分为压力代号,直接用公称压力数字表示,并以短线与第五部分隔开。当 $PN \leqslant 1.6$ MPa（灰铸铁阀门）和 $PN \geqslant 2.5$ MPa（碳素钢阀门）时可省略本部分。

第七部分为阀体材料代号,用表 1—23 规定的字母表示。

表 1—23　　　　阀体材料代号

阀体材料	代号	阀体材料	代号
碳钢	C	铬镍钼系不锈钢	R
Cr13 系不锈钢	H	塑料	S
铬钼系钢	I	铜及铜合金	T
可锻铸铁	K	钛及钛合金	Ti
铝合金	L	铝钼钒钢	V
铬镍系不锈钢	P	灰铸铁	Z
球墨铸铁	Q	—	—

注：CF3、CF8、CF3M 和 CF8M 等材料牌号可直接标注在阀体上。

2. 各种阀件的结构及其用途

（1）闸阀（又称闸板阀）。闸阀是依靠闸板来控制启闭的阀门。闸板与阀座上镶嵌由青铜、黄铜、不锈钢等耐磨、耐腐蚀材料制成的密封圈。

闸阀按闸板的结构不同分为平行式闸阀和楔式闸阀两类。明杆平行式闸阀如图1—20所示。其闸板中有两块对称且平行的圆盘，圆盘中间放有楔块，当阀门关闭时，楔块使圆盘张开，压紧阀体的密封圈，关闭通道；当阀门开启时，楔块随圆盘上升，开启通道。

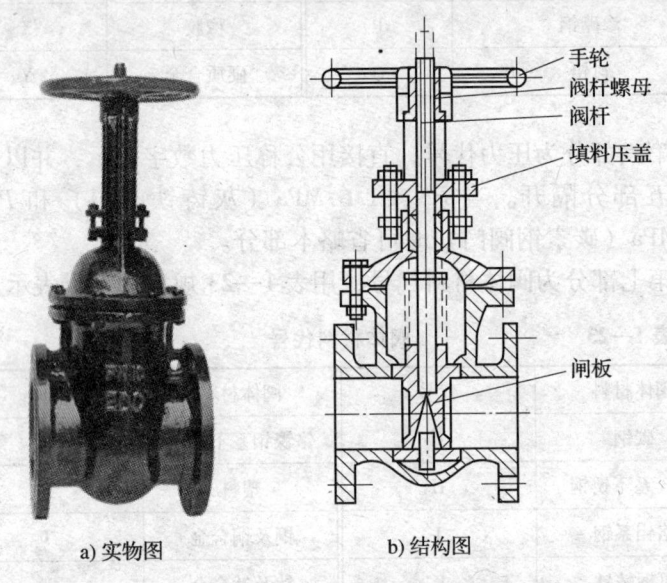

a) 实物图　　　　b) 结构图

图1—20　明杆平行式闸阀

楔式闸阀如图1—21所示。其闸板呈楔形，利用楔形密封面的压紧作用达到密封要求。根据闸阀启闭时阀杆运动状况的不同，阀杆分为明杆和暗杆两种。明杆在开启时，阀杆和阀板同时升降，其优点是可直观地看出阀门的开启程度，缺点是阀杆要占空间；暗杆则相反。

闸阀适用于给水、采暖、燃油、煤气等管路系统中。

（2）蝶阀。蝶阀主要由阀体、阀门板、阀杆及驱动装置等组成，如图1—22所示。

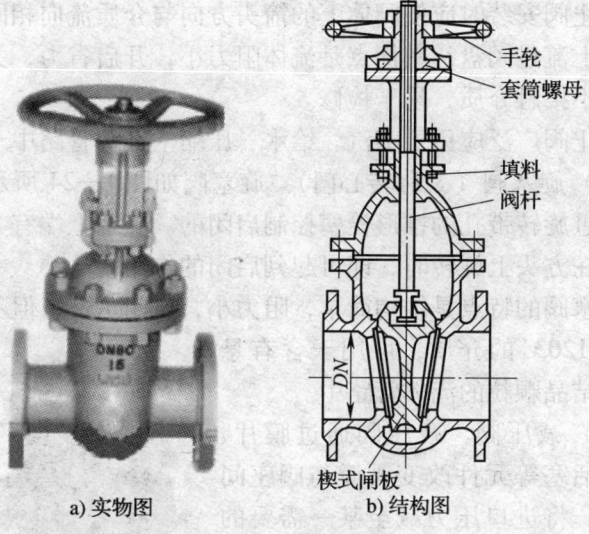

a) 实物图　　　　　　　b) 结构图

图 1—21　楔式闸阀

蝶阀的结构简单，质量轻，体积小，维修方便，开启速度快。其驱动方式有手动、蜗动和电动等形式，广泛应用于水暖工程系统中。

（3）截止阀。截止阀如图 1—23 所示。截止阀的主要启闭部件是阀盘和阀座，改变阀盘与阀座间隙的大小即可改变通过介质的流量大小或实现断流。阀盘是由阀杆来控制的，阀杆顶端设有驱动装置。

图 1—22　蝶阀　　　　　图 1—23　截止阀

截止阀安装时应使阀体上的箭头方向与介质流向相同。介质由下向上流过阀盘，其优点是流体阻力小，开启省力，关闭阀门时填料不接触介质，易于检修。

截止阀广泛应用于蒸汽、给水、压缩空气等管路中。

(4) 旋塞阀（又称转心门）。旋塞阀如图 1—24 所示。旋塞阀是通过旋转带孔的锥形栓塞控制启闭的。旋塞上端有方头，当扳手套在方头上旋转时，即可起到启闭的作用。

旋塞阀的特点是结构简单，阻力小，启闭迅速，但不适宜温度高于 120℃ 的介质，可用于含有悬浮物和结晶颗粒的流体管路中。

(5) 减压阀。减压阀通过膜片、弹簧、活塞等元件改变阀瓣与阀座间的空隙，将进口压力减至某一需要的出口压力值，并能使出口压力自动保持稳定，如图 1—25 所示。减压阀多用于通过蒸汽和空气等介质的管道中。

图 1—24　旋塞阀

a) 活塞式　　　　　b) 波纹管式

图 1—25　减压阀

1) 弹簧薄膜式减压阀。弹簧薄膜式减压阀灵敏度较高，因为它没有活塞的摩擦力，但薄膜的耐久性差，温度也不宜过高。

因此，这种减压阀多用于温度和压力不高的蒸汽和空气介质的管道中。

2）活塞式减压阀。对于活塞式减压阀，由于活塞在汽缸中的摩擦力较大，因此灵敏度比薄膜式减压阀差，制造工艺的要求也严格。常见的活塞式减压阀如图1—25a所示，它适用于温度、压力较高的蒸汽和空气介质的管道工程中。

3）波纹管式减压阀。波纹管式减压阀主要通过波纹管来平衡压力，如图1—25b所示。波纹管式减压阀用于介质参数不高的蒸汽和空气管道中。

（6）安全阀。安全阀是管路和容器系统中的安全装置。当系统中介质压力大于规定的工作压力时，它能自动开启，泄出部分介质，以降低压力；当压力降至正常工作压力后，它能自动关闭。

安全阀分为弹簧式和杠杆式两种，一般多用弹簧式安全阀，如图1—26所示为弹簧微启式安全阀。常用安全阀的型号及基本参数见表1—24。

图1—26 弹簧微启式安全阀

表1—24　　　常用安全阀的型号及基本参数

阀门名称	型号	公称压力（MPa）	适用介质	介质最高温度（℃）	阀体材料	公称直径（mm）
弹簧全启式安全阀	A48H—10	1.0	水、蒸汽	300	灰铸铁	4，50
弹簧微启式安全阀	A47H—16C	1.6	水、蒸汽	350	铸钢	50，80，100

续表

阀门名称	型号	公称压力（MPa）	适用介质	介质最高温度（℃）	阀体材料	公称直径（mm）
弹簧封闭微启式安全阀	A21H—16C	1.6	水、空气、油品	200	不锈钢	15，20，25
弹簧微启式安全阀	A47H—25	2.5	水、蒸汽	350	铸钢	50，80，100
弹簧封闭微启式安全阀	A41H—25	2.5	水、空气、油品	300	铸钢	25，32，40，50，80，100
单杠杆安全阀	A51T—16	1.6	水、蒸汽	225	铁壳铜芯	50，80，100
双杠杆安全阀	A53T—16	1.6	水、蒸汽	225	铁壳铜芯	50，80，100，125，150

二、卫生器具

卫生器具种类较多，而且产品的升级换代非常快。先进的坐便器、淋浴器、按摩浴缸等均配有微电脑控制系统。制造卫生器具的材质也发展较快，从传统的铸铁、陶瓷、搪瓷发展到使用玻璃钢、不锈钢、人造石材、亚克力等新型材料。

常用的卫生器具按用途不同可分为便溺用卫生器具，盥洗、沐浴用卫生器具，洗涤用卫生器具以及为其配套的五金件等。

1. 便溺用卫生器

（1）大便器

1）坐式大便器。坐式大便器多装设在家庭以及标准较高的宾馆、饭店等建筑内，按其冲洗的水力原理不同有冲洗式和虹吸式两种。坐式大便器本身构造带有存水弯，排水支管不再设水封装置。坐式大便器的冲洗水箱多采用低水箱。

2）蹲式大便器。蹲式大便器一般装设在集体宿舍和公共建筑的公用卫生间以及需防止接触传染的医院的厕所内，常采用高位水箱或延时自闭式冲洗阀冲洗。蹲式大便器的压力冲洗水经大便器周边的配水孔将便器冲洗干净。

（2）大便槽。大便槽用于标准不高且人员较多的公共建筑（如企业、学校、火车站、游乐场等）或城镇公厕中，用以代替成排的蹲式大便器。大便槽造价低，便于采用集中自动冲洗水箱和红外线数控冲洗装置，既节水又卫生。

（3）小便器。小便器设于公共建筑男厕所内，有挂式和立式两种。其冲洗设备可采用自动冲洗水箱或延时自闭式冲洗阀。

（4）小便槽。在同样的设置面积下，小便槽可容纳使用的人数更多，且建造简单、经济，因此，在公共建筑、学校、集体宿舍等建筑的男厕所中被广泛采用。

2. 盥洗、淋浴用卫生器具

（1）洗脸盆。洗脸盆装设在盥洗室、浴室、卫生间供洗漱用。洗脸盆大多用带釉陶瓷制成，其形状有长方形、椭圆形和三角形，架设方式有墙架式、柱脚式和台式。洗脸盆的高度和深度应适宜，要求盥洗时不用弯腰，较省力，使用时不溅水，可用流动水盥洗，比较卫生。

（2）盥洗槽。盥洗槽大多装设在公共建筑的盥洗间和企业生活间内，可供多人同时使用。盥洗槽可做成单面长方形或双面长方形，常用瓷砖、水磨石等材料现场建造。

（3）浴盆。浴盆设在住宅、宾馆、医院等卫生间或公共浴室内。它一般用陶瓷、搪瓷、玻璃钢等制成，外形多为长方形。浴盆配有冷、热水管或混合龙头，有的还配有淋浴设备。

（4）淋浴器。淋浴器与浴盆相比，具有占地少、造价低、清洁卫生、设备费用低、耗水量少、避免传染疾病等优点,被广泛应用在企业、学校、机关的公共浴室及集体宿舍、体育馆内。淋浴器有成品的,也有现场安装的。

3. 洗涤用卫生器具

(1) 洗涤盆。洗涤盆装设在厨房或公共食堂内,用来洗涤餐具、蔬菜等。它有单格和双格之分,通常采用陶瓷、不锈钢等制成。

(2) 化验盆。化验盆设置在企业、科研院所、学校等的化验室或实验室内,盆内已带水封,根据需要可装置单联、双联、三联鹅颈龙头。

(3) 污水池。污水池设置在公共建筑的厕所、盥洗室内,供洗涤拖布、打扫厕所或倾倒污水用。

4. 地漏及存水弯

(1) 地漏。地漏是用于排水的一种特殊装置。装设在卫生间、浴室、厨房、厕所、盥洗间等地面需要经常清洗或地面有水需排泄处。家庭还可用其作为洗衣机排水口。地漏有扣碗式、多通道式等多种类型。

(2) 存水弯。为防止排水管道中的有害、有毒气体侵入室内,在排水系统中需设置存水弯。存水弯的形状有 P 弯、S 弯、U 弯、瓶形、钟罩形、筒形等多种形式,如图 1—27 所示。

5. 配水附件

配水附件是指装在卫生器具及用水点处的各式水嘴,用来开启、调节和关闭水流,如图 1—28 所示。

三、散热设备

1. 散热设备的基本形式

根据散热设备传热方式的不同,散热设备可分为三种形式。

(1) 散热器。散热器向室内散出热量,在室内形成空气的自然对流,以保证室内有合适的空气温度。

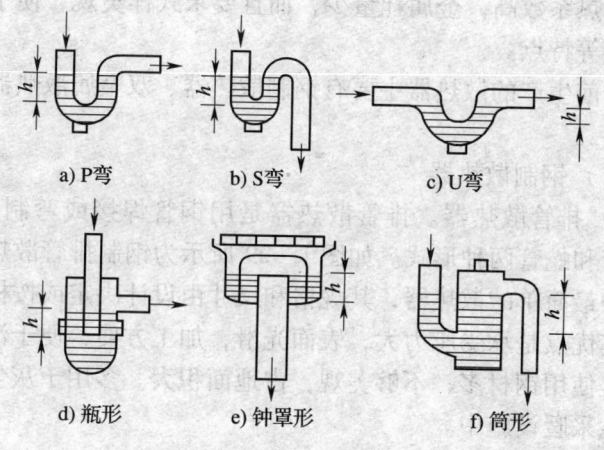

图 1—27 存水弯

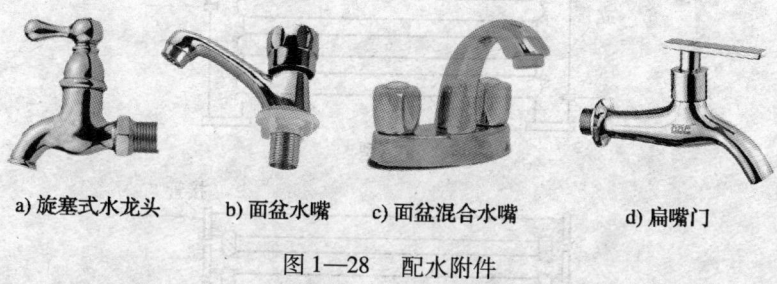

图 1—28 配水附件

（2）暖风机。暖风机是由空气加热器、通风机和电动机组合而成的联合机组。暖风机用于加热室内空气，在室内形成空气的强制循环，可用于车间，以补充室内的热量，保证室内温度。

（3）辐射板。任何温度下的物体都会向外放出辐射能，该能量以电磁波的形式传播。辐射板以辐射的形式散热，通过在一定的空间里达到足够的辐射强度来维持采暖效果。

2. 散热器

散热器是采暖系统的重要设备之一，散热器应有足够的强度，传热系数高，金属耗量少，而且要求式样美观，便于清扫和体积小等特点。

目前生产的散热器主要有钢制散热器、双金属散热器和铸铁散热器。

(1) 钢制散热器

1) 排管散热器。排管散热器是用钢管焊接或弯制而成的，有排管和蛇管两种形式。如图1—29所示为钢制排管散热器。这是一种最简单的散热器，其规格和尺寸由设计决定或按标准图选用。其优点是承受压力大，表面光滑，加工方便，便于清扫。其缺点是使用钢材多，不够美观，占地面积大。多用于灰尘较多或临时性采暖设施中。

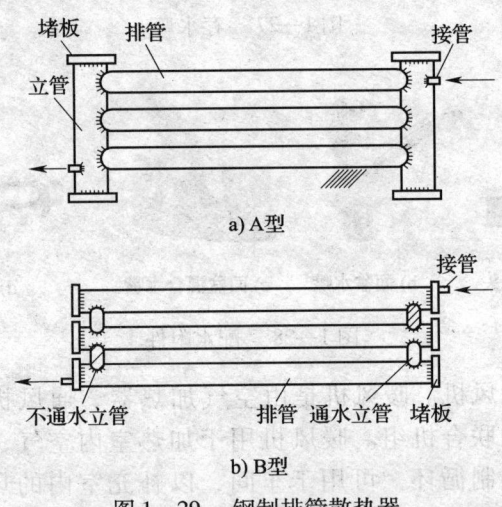

图1—29 钢制排管散热器

在热水排管散热器中，为防止热水短路，排管之间的两根短管各有一管是不通的。

2) 闭式钢串片型散热器。它属于钢串片改进型产品，其优点是耐压能力高，体积小，不易积尘，散热性能好，适用于高温水采暖系统中，如图1—30所示。

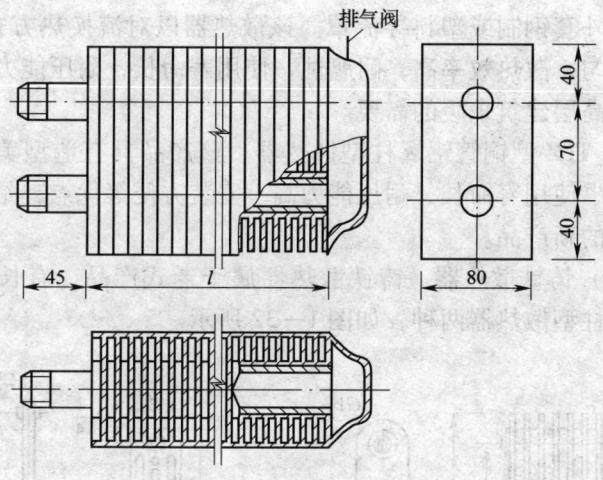

图1—30 闭式钢串片型散热器

3）钢制柱型散热器。如图1—31所示，钢制柱型散热器的结构与铸铁散热器的柱型基本相似，其传热性能较好，但制作工艺复杂，造价高。

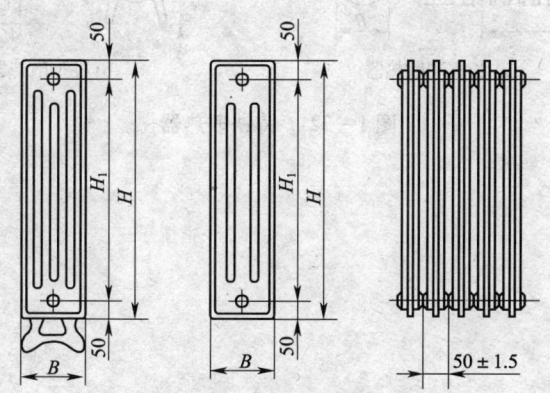

图1—31 钢制柱型散热器

(2) 双金属复合散热器

1) TLD型钢管铝翅片对流式散热器。该产品为铜管铝翅片机芯，外套钢制或塑料导流罩。该散热器以对流换热方式散热，室温均匀，散热效率高，耐腐蚀，使用寿命长，耐压能力高，用于满足高层建筑采暖的需要。

2）TLZ型铜管铝翼柱型散热器。该产品具有造型美观、结构新颖、使用寿命长、耐压能力高、安装方便等优点，是较有发展前景的新产品。

（3）铸铁散热器。铸铁散热器属于老式产品，有长翼型散热器和柱型散热器两种，如图1—32所示。

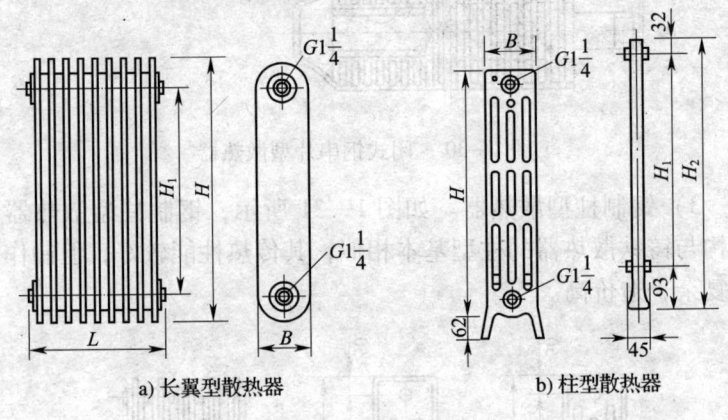

a) 长翼型散热器　　　　　b) 柱型散热器

图1—32　铸铁散热器

第二单元　水暖施工常用量具及工具

培训目标： 1. 掌握常用测量工具的量程、精度和使用方法。
　　　　　　2. 掌握手工工具的使用范围和使用方法。
　　　　　　3. 掌握电动工具的特点和操作方法。

模块一　量　　具

一、钢卷尺

钢卷尺有大钢卷尺和小钢卷尺两种。大钢卷尺的长度主要有 5，10，15，20，30，50 和 100 m 七种，适用于测量较长距离的管线。大钢卷尺由于较长，使用时要特别注意防止打折、扭曲和折断。小钢卷尺主要有 1，2 和 3 m 三种，小钢卷尺带有发条，测量后能自动缩回，由于缩回的速度很快，使用时要防止卷尺缩回伤人。用后要拭去尘土，薄薄地擦上机油，置于干燥处。

二、钢直尺

钢直尺用不锈钢制成，规格有 150，300，500 和 1 000 mm 四种。有些钢直尺的两个测量面分别刻有公制和英制单位，尺的背面有公英制换算表。钢直尺不但可用做测量，还可用做画线。使用时要注意保护刻度，防止弯曲，不能将其当做一字旋具使用。

三、90°角尺

90°角尺的测量角为 90°，用于画垂直线、平行线，测量直角和检验法兰端面与管子轴线的垂直度。宽座角尺的规格见表 2—1。

表2—1　　　　　　宽座角尺的规格　　　　　　　　mm

高度 H	63	100	160	200	250	315	400	500
长度 L	40	63	100	125	160	200	250	315

注：精度等级为1级和2级。

四、水平尺

水平尺也叫水平仪，用于检验平面对水平或垂直位置的偏差，管道工程中常用的是一种铁水平尺，它由铁壳和水泡玻璃管组成。使用时应注意轻拿轻放，避免碰撞。铁水平尺按其框架长度分为10个规格，见表2—2。

表2—2　　　　　　铁水平尺的规格

长度（mm）	150	200	250	300	350	400	450	500	550	600
主水准刻度尺（mm/m）	0.5	2								

五、皮卷尺

皮卷尺也叫皮尺，常用于丈量管沟，规格有5，10，15，20，30和50 m等多种。有些皮尺材料中含有铜合金，使用时应避免与电接触。

六、游标卡尺

游标卡尺是一种测量精度较高的量具，主要用来测量工件的外径、孔径、长度、宽度、深度和孔距等尺寸。

1. 游标卡尺的结构

游标卡尺主要由尺身和游标等部分组成，如图2—1所示。

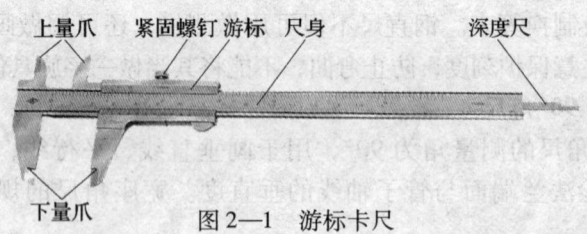

图2—1　游标卡尺

使用时，旋松固定游标用的紧固螺钉即可测量。下量爪用来测量工件的外径和长度，上量爪用来测量孔径和槽宽，深度尺用来测量工件的深度和台阶的长度。

2. 游标卡尺的刻线原理和读数方法

游标卡尺的测量精度有 1/20 mm 和 1/50 mm 两种。1/20 mm 的游标卡尺尺身上每一小格为 1 mm，当两量爪合并时，游标上的 20 格刚好与尺身上的 19 mm 对正，其刻线原理如图 2—2 所示。尺身与游标每格之差为 0.05 mm，此值就是1/20 mm游标卡尺的测量精度。

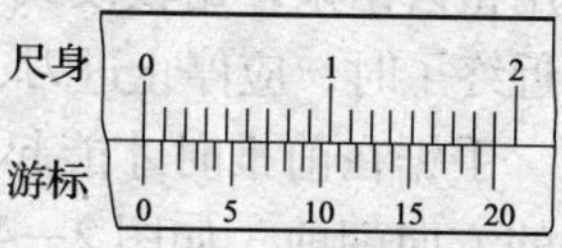

图 2—2 1/20 mm 游标卡尺的刻线原理

游标卡尺的读数方法和步骤如下：

（1）读出游标上零线左侧尺身的整毫米数。

（2）读出游标上哪一条线与尺身刻线对齐（第一条零线不算，从第二条线起每格算 0.05 mm）。

（3）把尺身与游标上的尺寸加起来就是测得尺寸。

如图 2—3 所示为游标卡尺读数实例。

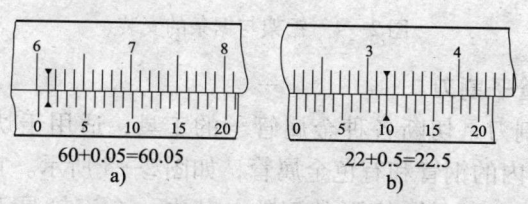

60+0.05=60.05
a)

22+0.5=22.5
b)

图 2—3 游标卡尺读数实例

模块二 手 工 工 具

一、**手锯**

管工用的手锯也叫钢锯，是切割金属材料用的手工工具，用于下料和锯割工件。手锯由锯弓和锯条组成。锯弓用来安装锯条，它有可调式和固定式两种，固定式锯弓只能安装一种长度的锯条。可调式锯弓通过调整可以安装几条不同长度的锯条，目前可调式锯弓已被广泛应用。

锯条根据齿距的大小，有细齿和粗齿之分，应根据材料的软硬和厚薄来选用，锯材质较软（如铜、铝等）且较厚的材料时，选用粗齿锯条；锯较硬或较薄的材料时，应选用细齿锯条。锯削将近终了时，应停止进刀，而保留一部分金属，以防止锯条折断。

手锯在前推时才能起到切割作用，因此，安装锯条时应使齿尖的方向朝前，如图2—4所示为锯架与锯条的安装。锯条不能安装得过紧或过松，太紧容易使锯条失去弹性而导致折断；太松容易使锯条发生扭曲且容易折断，装好后还应检查锯条是否歪斜、扭曲。

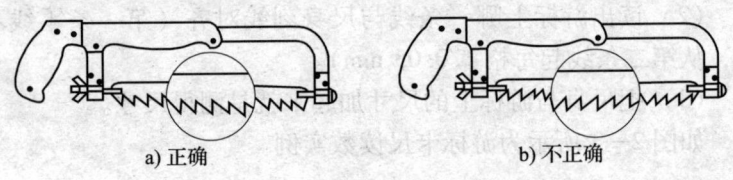

图2—4　锯架与锯条的安装

二、管子割刀

管子割刀是切断各种金属管子的工具，适用于切断管径在100 mm以内的钢管和有色金属管，如图2—5所示。它的主要构件是三个互呈"品"字形的滚轮，其中一个滚轮是刀片，可以绕自身固定轴线旋转，其余两个为压紧轮。

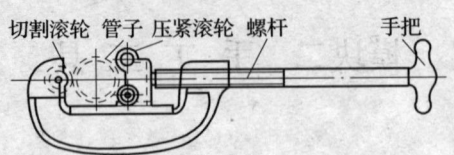

图2—5　管子割刀

使用时，先将它放开到可以跨过管身，然后将压紧轮旋紧，进刀量要适度，要压实在管子所要切割的位置上，并将刀刃对准切割线。然后使整个割刀沿管子旋转，同时间歇进刀，直至将管子切断为止。切割时，滚刀部位要冷却及润滑。用管子割刀切割管子比用手锯要快且整齐，但切口内侧有缩口现象，应用刮刀或圆锉进行修整。

常用的管子割刀有2号、3号和4号，能切割的管子直径分别为12~50，25~80和50~100 mm。

三、扳手

1. 活扳手

活扳手用以拧紧或松开各种规格的六角或方头螺栓，螺钉，螺母以及管塞，管道内、外螺纹接头和水嘴等，如图2—6所示，其规格见表2—3。

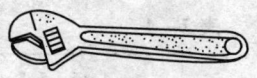

图2—6 活扳手

表2—3　　　　　　活扳手的规格　　　　　　　　mm

全长	100	150	200	250	300	370	450	600
最大开口宽度	14	19	24	30	36	46	55	65

使用活扳手的注意事项：

（1）不得在钳口内加入垫片。应使钳口紧贴螺母或螺钉的棱面。

（2）活扳手在每次扳动前，应将活动钳口收紧。活扳手的规格应选用合适，钳口套上螺钉或螺母的六角棱面后，不得有晃动，并应平卡到底。若螺钉或螺母的棱面上有毛刺时，应先行处理并整平，不得用锤子等强行将钳口打入。

2. 套扳手

套扳手是扳杆不能调节的固定扳手，用来拧紧或拆卸六角或方头的螺母、螺栓。由若干规格不同的扳手配套组成，以适用不同规格的螺母、螺栓。套扳手的规格以螺母平行对边距离表示。

套扳手的种类和规格分为以下几种:

(1) 单头扳手。如图2—7所示,其开口宽度有8,10,12,14,17,19,22,24,27,30,32,41,46,50,55,65,75 mm等多种规格。

(2) 双头扳手。如图2—8所示,每把扳手有两个扳口,适用于两种规格的螺栓和螺母,其规格见表2—4。

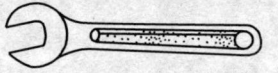 

图2—7 单头扳手　　　　　图2—8 双头扳手

表2—4　　　　　双头扳手的规格　　　　　　　mm

单件扳手		4×5, 5.5×7, 8×10, 10×12, 12×14, 17×19, 22×24, 27×30, 30×32, 32×36, 41×46, 50×55, 65×75
成套扳手	6件	5.5×7, 8×10, 12×14, 14×17, 17×19, 22×24
	8件	6×7, 8×10, 9×11, 12×14, 14×17, 17×19, 19×22, 22×24
	10件	5.5×7, 8×10, 9×11, 12×14, 14×17, 17×19, 19×22, 22×24, 24×27, 30×32

(3) 普通套扳手。普通套扳手如图2—9所示,其规格见表2—5。

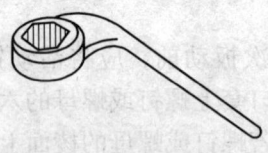

图2—9 普通套扳手

3. 梅花扳手

当螺母和螺栓头周围的空间窄小,不能使用活扳手时,宜采用梅花扳手。梅花扳手如图2—10所示,其规格见表2—6。

表 2—5　　　　　普通套扳手的规格

螺栓规格	公制	M10	M12	M16		M18		M22
	英制（in）	3	3	3		3		3
扳口尺寸（mm）		18	23	25	28	30	32	37

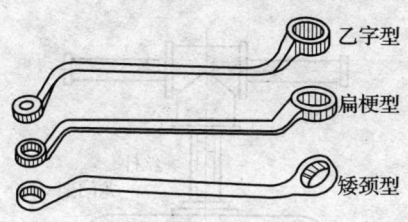

图 2—10　梅花扳手

表 2—6　　　　梅花扳手的规格　　　　　　　　mm

成套扳手	6 件	5.5×7，8×10，12×14，14×17，19×22，24×27
	8 件	5.5×7，8×10，9×11，12×14，14×17，17×19，19×22，24×27
单件扳手		5.5×7，8×10，(9×11)，12×14，(14×17)，17×19，(19×22)，22×24，24×27，30×32，36×41，46×50

注：带括号的扳手应尽可能不采用。

4．对丝钥匙

对丝钥匙主要是组装暖气片用的，如图 2—11 所示。将对丝钥匙插入对丝内径，先向回徐徐倒退，然后再顺时针转动，使两端入扣，同时缓缓均衡拧紧。

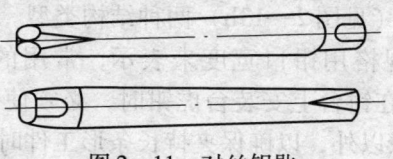

图 2—11　对丝钥匙

四、管子台钳与台虎钳

1．管子台钳

管子台钳又叫压力钳、龙门钳，用螺栓固定在工作台上，用来夹持管子,进行攻螺纹和锯割等工作,如图 2—12 所示。管子台钳是管道加工过程中不可缺少的工具,其规格是以能夹持的最大管子外径来表示的,习惯称号数。常见的有 1 号 50 mm[①],2 号75 mm,3 号 100 mm,4 号 125 mm,5 号 150 mm。

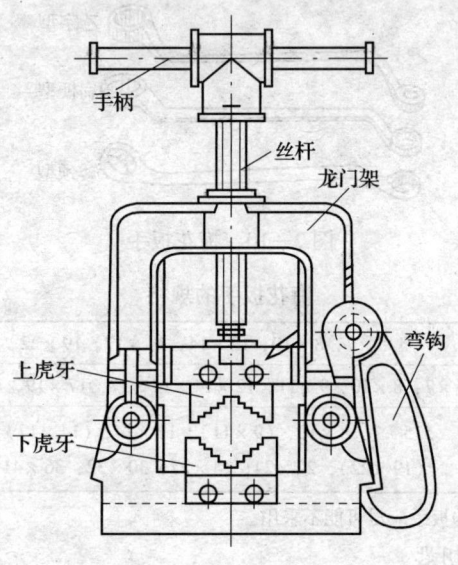

图 2—12 管子台钳

2. 台虎钳

台虎钳是用来夹持工件的通用工具,有固定式(见图 2—13a)和回转式(见图 2—13b)两种结构类型。

台虎钳的规格用钳口宽度来表示,常用的有 100,125 和 150 mm 三种。在钳台上安装台虎钳时,必须使固定钳口的工作面处于钳台边缘以外,以确保夹持长条形工件时工件的下端不受钳台边缘的影响。

---

① 1 号 50 mm 表示 1 号管子台钳能夹持的最大管子外径为50 mm。

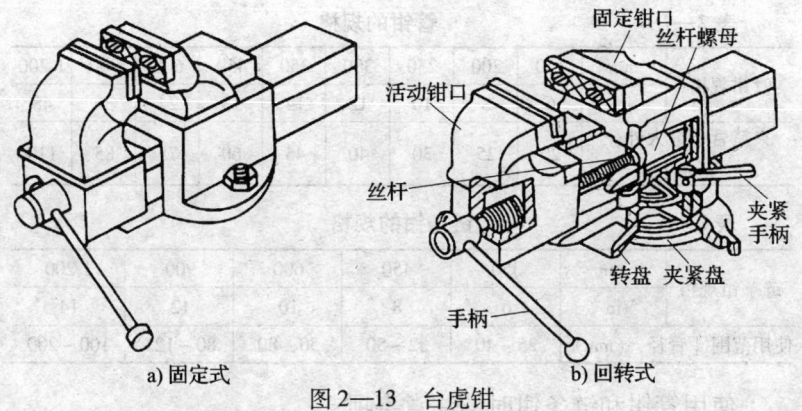

图2—13 台虎钳
a) 固定式   b) 回转式

五、管钳和链条钳

管钳和链条钳是专用于拆装螺纹管件的工具。管钳适用于直径较小的管子和管件，链条钳适用于管径较大的管子和管件，在操作空间狭窄的场地，链条钳更具有优越性。

管钳及链条钳的规格按照长度划分，使用时应根据管子的直径合理地选择。如图2—14所示为管钳，如图2—15所示为链条钳。管钳的规格见表2—7，链条钳的规格见表2—8。

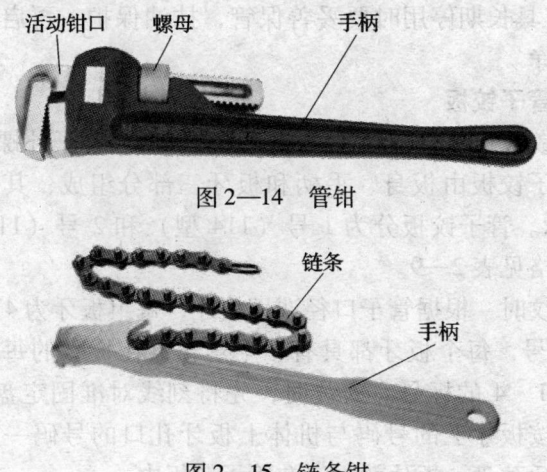

图2—14 管钳

图2—15 链条钳

表 2—7　　　　　　　　　　管钳的规格

管钳规格	mm	150	200	250	300	350	450	600	900	1 200
	in	6	8	10	12	14	18	24	36	48
夹持管子最大外径（mm）		20	25	30	40	45	60	75	85	110

表 2—8　　　　　　　　　　链条钳的规格

链条钳规格	mm	350	450	600	900	1 200
	in	6	8	10	12	14
使用范围［管径，(mm)］		25~40	32~50	50~80	80~125	100~200

使用管钳和链条钳时的注意事项：

1. 使用管钳时两手动作要协调，松紧适度，以防止打滑。
2. 扳动管钳的手柄时不得用力过猛，不得在手柄上加套管。
3. 严禁用管钳拧带棱的工件，不得用管钳作为锤子或撬杠使用。
4. 使用链条钳时要逐渐卡紧链子，卡紧后不得用力过猛，随时防止打滑。
5. 钳口、链条上不得沾上油类，以防止打滑。
6. 工具长期停用时要妥善保管，抹油保护，再启用时应将油擦洗干净。

六、管子铰板

管子铰板也称套螺纹板，是手工套制金属管子外螺纹的主要工具。管子铰板由板身、手柄和板牙三部分组成，其结构如图2—16所示。管子铰板分为1号（114型）和2号（117型）两种，其规格见表2—9。

套螺纹时，根据管子口径选用板牙，每组板牙为4块，刻有1~4的序号，每个板牙都具有一个规格，在板身的每个板牙孔口处也有1~4的标号。安装时，先将刻线对准固定盘"0"的位置。再按板牙上的号码与机体上板牙孔口的号码一一对号装入，转动活动盘，板牙就固定在管子铰板内。

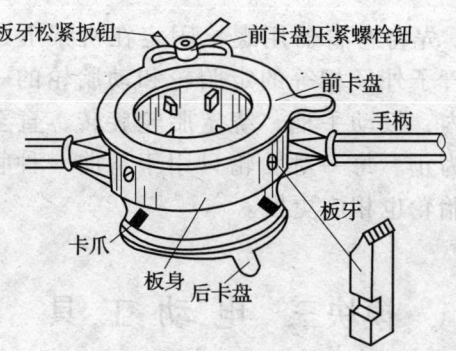

图 2—16 管子铰板的结构

表 2—9　　　　　　　管子铰板的规格

型号	套制管螺纹的公称直径（mm）	每套配带板牙规格（in）
114（1号）	15~50（1/2~2in）	1/2~3/4，1~1$\frac{1}{4}$，1$\frac{1}{2}$~2
117（2号）	65~100（2$\frac{1}{2}$~4in）	2$\frac{1}{2}$~3，3$\frac{1}{2}$~4

七、手动弯管器

手动弯管器如图 2—17 所示。它是施工现场常用的小型弯管工具。可弯制 $DN15$，$DN20$ 和 $DN25$ mm 管子的任意角度的弯头。

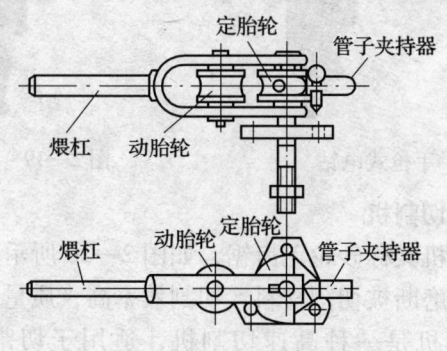

图 2—17　手动弯管器

弯管时，先将弯管器用螺栓固定在机架上，将要弯曲的管子放进与管子外径相等的定胎轮和动胎轮的一端，固定在管子夹持器内，扳动手柄，绕定胎轮旋转，直至将管子弯成所需的角度为止。每一对胎轮只用于弯曲一种管子外径，外径改变时，胎轮也相应更换。

模块三 电 动 工 具

一、手电钻

手电钻用于金属材料的钻孔加工，由于其体积小，质量轻，携带方便，广泛用于现场加工。如图 2—18 所示为手枪式电钻，它可钻直径 13 mm 以下的孔洞。如图 2—19 所示为手电钻，钻孔直径可达 49.5 mm，使用时可用肩部加压。

图 2—18 手枪式电钻　　　　　图 2—19 手电钻

二、砂轮切割机

砂轮切割机又称砂轮无齿锯，如图 2—20 所示。它利用砂轮片高速旋转来磨断被切割材料，切割效率高，质量好。

砂轮切割机是一种高速切割机，适用于切割各类碳素钢管、型钢和铸铁管，是较为理想的切割机械。目前在管道安装中得到广泛的应用。使用中要切割的材料一定要用夹具夹紧，操作人员的身体不可对准砂轮片。砂轮片一定要正转（顺时针，见图2—20），使飞出的火星向外，切勿反转，以防止砂轮片飞出伤人。

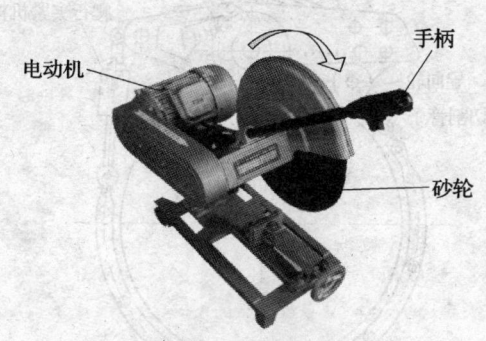

图2—20　砂轮切割机

三、手持电动无齿锯

手持电动无齿锯是一种用手电钻改进而成的切割小直径管道的机具。

手持电动无齿锯由手电钻机身、锯片夹头装置、锯片和压进管子螺母等组成，如图2—21所示。

图2—21　手持电动无齿锯

四、自爬式电动割管机

自爬式电动割管机（见图2—22）是管道安装工程中应用较

多的一种割管机，用来切割管径较大的管材，它的体积小，质量轻，切割效率高，还可用于钢管焊接坡口的加工。

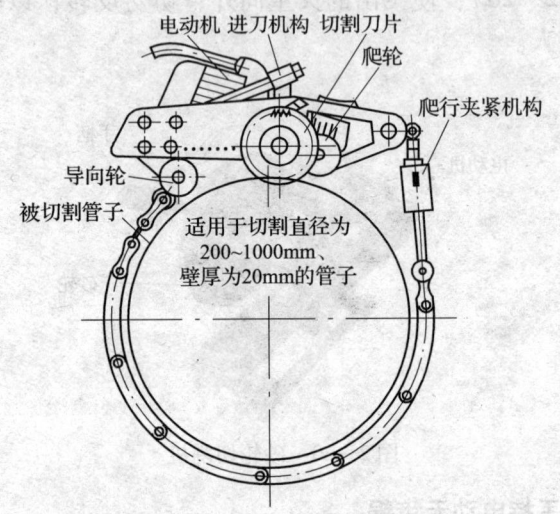

图2—22　自爬式电动割管机

当这种割管机装在被切割的管子上后，通过夹紧机构把它牢固地夹紧在管体上。切削管子由两个动作来实现，一个是由切削刀具对管子进行切削；另一个是由爬轮带动整个割管机沿管子爬行进给，刀具的切入和退出是由操作人员通过进刀机构的摇把来实现的。

五、带锯式割管机

带锯式割管机（见图2—23）常设置在集中加工管道的企业内，可以切割钢管、有色金属管和各种合金钢管，切割效率高，切口质量好。其技术性能见表2—10。

六、电动弯管机

电动弯管机主要由机身、电动机、传动机构、夹紧机构、导向机构和模具等组成。电动弯管机工作时，通过电动机、传动装置带动主轴及固定在主轴上的弯管模一起转动进行弯管。如图

2—24 所示为电动弯管机弯管示意图。弯管时,先把待弯曲的管子沿导向模放在弯管模和压紧模之间,调整导向模,使管子处于弯管模和压紧模的公切线位置,并使起弯点对准切点,再用 U 形管卡将管端卡在弯管模上,然后启动电动机开始弯管,使弯管模和压紧模带着管子一起绕弯管模旋转到所需要的角度后停车。

图 2—23 带锯式割管机

表 2—10　　带锯式割管机的技术性能

指标	数据	指标	数据
切割管子的最大直径（mm）	250	锯片运动速度（m/min）	切割钢 41.7
带锯长（mm）	4 300		切割铜 59
切割宽度（mm）	1	外形尺寸（mm）	2 250×1 020×1 320
电动机功率（kW）	1.7	质量（kg）	1 170

在使用电动弯管机弯管时,所选用的弯管模、导向模和压紧模必须与被弯曲管子的外径相符。当待弯曲管子的外径大于 60 mm 时,还要在管内放置弯曲心棒。

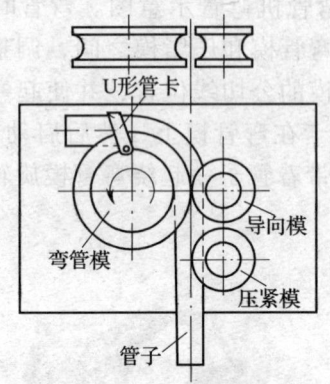

图2—24　电动弯管机弯管示意图

七、电动套螺纹机

如图2—25所示为一台电动套螺纹机，套螺纹时先将管子放入管子夹持器内固定，旋转切割工作点进行套螺纹。

图2—25　电动套螺纹机

第三单元　水暖工基本操作

培训目标： 1. 掌握各种常用管件的加工工艺。
2. 掌握管道各种连接方法的特点和操作要点。
3. 掌握各种测量仪表的构造和安装注意事项。

模块一　管件加工工艺

一、弯管技术

弯管按制作方法不同分为煨制弯管、焊接弯管和冲压弯管。其中煨制弯管又可分为冷煨和热煨两种。通常，除冲压弯管由企业制作外，其他煨制弯管均可在施工现场加工。

1. 弯管的一般知识

（1）煨制弯管的形式。煨制弯管具有伸缩性较好、耐压高、管壁光滑、阻力小等优点，而且加工简便，因此在施工现场被较多地采用。

管道安装工程中常遇到的弯管的形式有各种角度弯头、U形管、来回弯（乙字弯）和弧形弯管等，如图3—1所示。

1）弯头。是指具有任意角度的管件，用在管道转弯处。弯头的弯曲半径用 R 表示，R 值小，弯曲部分较短，转弯急，阻力损失大；R 值大，弯曲部分长，转弯较平滑，阻力损失小。

2）U形管。管子两端中心线间的距离 H 等于两倍弯曲半径 R。经常用做连接上下组成的两个管道或散热器，可代替两个弯头使用。

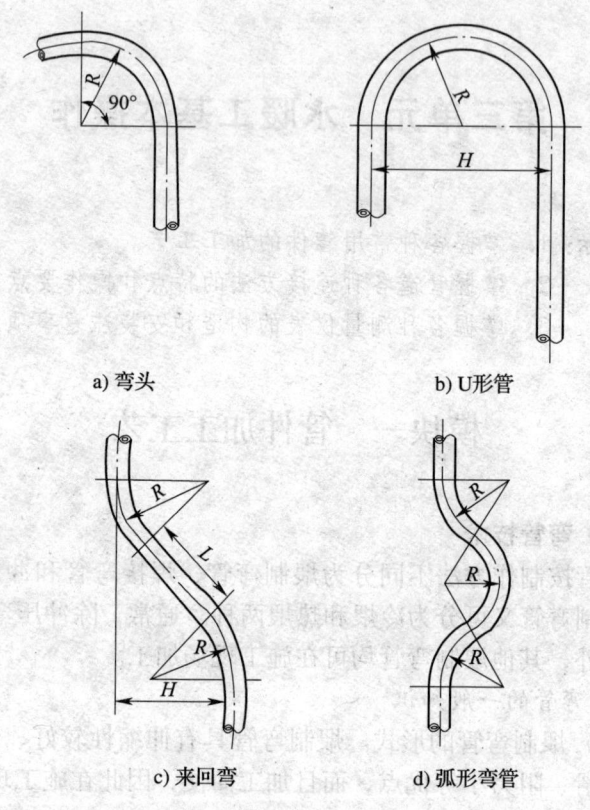

a) 弯头　　　　　　　b) U形管

c) 来回弯　　　　　　d) 弧形弯管

图 3—1　弯管的主要形式

3）来回弯。是指带有两个弯曲角（一般为 135°）的弯管。来回弯管子弯曲端中心线间的距离称为来回弯的高度，用 H 表示。管道与不在同一平面上的连接点连接时，需用来回弯连接。

4）弧形弯管。是指带有三个弯曲角的弯管，中间为 90°，侧角为 135°。弧形弯管用于绕过其他管道，如冷、热水管与卫生器具配管时，常用弧形弯管来连接。

(2)煨弯时管子的受力与变形。管子在煨制过程中,其内侧管壁各点受压力,致使管壁增厚,内侧边长变短;外侧管壁受拉力,管壁变薄,外侧边长伸长,如图3—2所示。

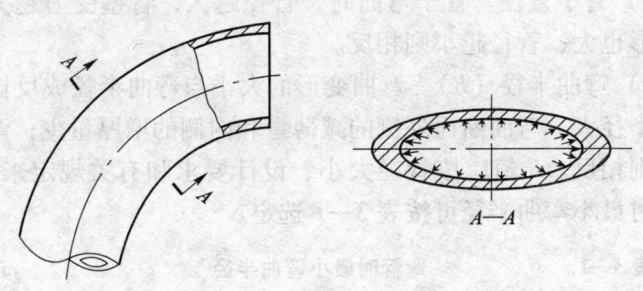

图3—2 煨弯时管子的受力与变形

管子弯曲时,由于管子内、外侧管壁厚度的变化,使得弯曲段截面由原来的圆形变成了椭圆形。为使过流断面缩小值不至于过大,一般对弯管的椭圆率规定不得超过:

高压管	5%
中、低压管	8%
铜、铝管	9%
铜合金、铝合金管	8%
铅管	10%

椭圆率计算公式为:

$$椭圆率 = \frac{最大外径 - 最小外径}{最大外径} \times 100\%$$

管子弯曲时,弯头里侧的金属被压缩,管壁变厚;弯头背面的金属被拉伸,管壁变薄。为了使管子弯曲后管壁减薄不至于对原有的工作性能有过大的改变,一般规定管子弯曲后管壁减薄率应符合一定要求,中、低压管不得超过15%,高压管不得超过10%,且不得小于设计计算壁厚。管壁减薄率可按下式进行计算:

$$壁厚减薄率 = \frac{弯管前壁厚 - 弯管后壁厚}{弯管前壁厚} \times 100\%$$

(3) 影响管子弯曲变形的因素

1) 管子直径。管子弯曲时，管径越大，管壁受力越大，因而变形也大；管径越小则相反。

2) 弯曲半径（R）。弯曲变形的大小与弯曲半径成反比，即弯曲半径大，弯曲断面外侧的减薄量和内侧的增厚量少；弯曲半径小则相反。R 值应按管径大小、设计要求和有关规定来确定，弯管时最小弯曲半径可按表 3—1 选定。

表 3—1　　　　弯管时最小弯曲半径　　　　mm

管子类别	弯管制作方式		最小弯曲半径
中、低压钢管	热弯		$3.5D_W$
	冷弯		$4.0D_W$
	褶皱弯		$2.5D_W$
	压制		$1.0D_W$
	热推弯		$1.5D_W$
	焊制	$DN \leq 250$	$1.0D_W$
		$DN > 250$	$0.75D_W$
高压钢管	冷、热弯		$5.0D_W$
	压制		$1.5D_W$
有色金属管	冷、热弯		$3.5D_W$

注：DN 为公称直径，D_W 为外径。

3) 弯曲角度（α）。煨管时，弯曲变形的大小与管子弯曲角度的大小成正比，如图 3—3 所示。弯曲角度越大，管子受力和变形也越大。

管道弯曲角度 α 的偏差值 Δ 如图 3—3 所示。对于中、低压管，采用机械弯管时，Δ 值不得超过 ± 3 mm/m，当直管长度大于 3 m 时，总偏差最大不得超过 ± 10 mm；采用地炉弯管时，Δ

值不得超过 ±5 mm/m,当直管长度大于 3 m 时,其总偏差最大不得超过 ±15 mm;对于高压弯管,弯曲角度的偏差值 Δ 不得超过 ±1.5 mm/m,最大不得超过 ±5 mm。

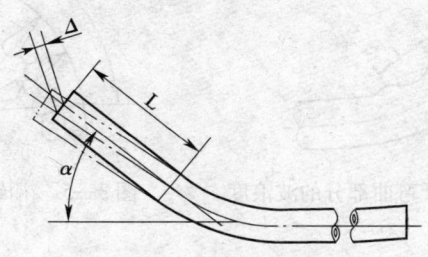

图 3—3　弯曲角度的偏差

(4)煨管时应注意的事项

1)煨制弯管应光滑、圆整,不应有皱褶、分层、过烧和拔背。对于中、低压弯管,如果在管子内侧有个别起伏不平的地方,应符合表 3—2 的要求,且其波距 t 应大于或等于 4 倍的波浪度 H。管子弯曲部分的波浪度如图 3—4 所示,其允许值见表 3—2。

表 3—2　　　　管子弯曲部分波浪度 H 的允许值　　　　　　mm

外径	≤108	133	159	219	273	325	377	≥426
钢管	4	5	6	6	7	7	8	8
有色金属管	2	3	4	5	6	6	—	—

因工艺的限制,明确指定煨制褶皱弯头时,弯管的波纹分布应均匀,平整,不歪斜。弯成后波纹的高度为壁厚的 5~6 倍,波纹的截面弧长 L 约为 $\frac{5}{6}\pi D$,弯曲半径 R 约为 $2.5 D_W$。褶皱弯管的外形如图 3—5 所示。

2)用纵向焊缝管煨制弯管时,其纵向焊缝应置于如图 3—6 所示的两个 45°的阴影区域之内。

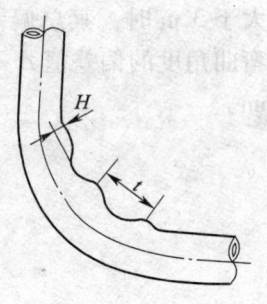 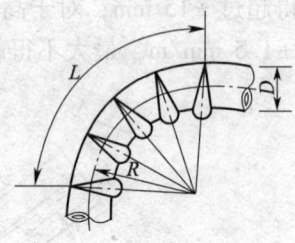

图3—4 管子弯曲部分的波浪度　　图3—5 褶皱弯管的外形

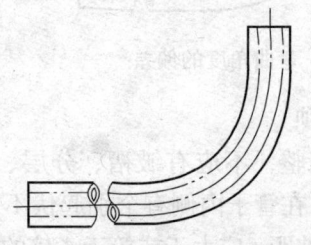 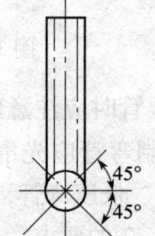

图3—6 纵向焊缝的布置

3）由于小直径管子的相对壁厚（壁厚与直径之比）较大，大直径管子的相对壁厚较小，故从承压的安全角度考虑，小直径管子的弯曲半径可小些，大直径的管子应大些。弯曲半径与管径的关系见表3—3。

表3—3　　　弯曲半径与管径的关系

管径 DN（mm）	弯曲半径 R	
	冷煨	热煨
25 以下	3DN	3.5DN
32～50	3.5DN	
65～80	4DN	
100 以上	4～4.5DN	4DN

注：机械煨弯时弯曲半径可适当减小。

4）钢管加热弯曲时自身将产生热伸长量，在严格要求尺寸的条件下，划线长度应扣除热伸长量，其热伸长量可按下式计算：

$$\Delta L = R\tan\frac{\alpha}{2} - \frac{\pi}{360} \times R\alpha$$

式中　ΔL——热伸长量，mm；
　　　α——弯曲角度，（°）；
　　　R——弯曲半径，mm。

2. 煨制弯管下料计算与放样

在弯管之前，应先计算出弯曲段的展开长度，并划出弯曲的起点。同时，在弯曲部分的起点和终点两端各留出一段直段，以满足弯曲加工和以后管道连接需要，如图3—7所示为弯管划线示意图。一般直段长度为：$DN \leqslant 150$ mm时，$L_1 = 400$ mm；$DN > 150$ mm时，$L_1 = 600$ mm。

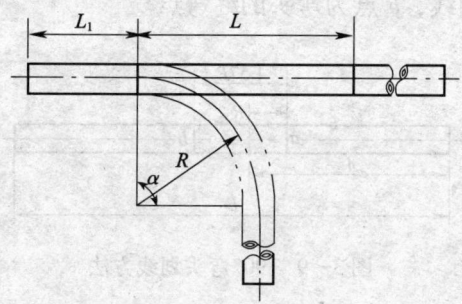

图3—7　弯管划线示意图

（1）弯管部分弧长的计算公式

$$弯头弧长 = 2\pi R \times \frac{弯曲角度}{360°}$$

即

$$\overset{\frown}{L} = \frac{\alpha \pi R}{180}$$

式中　$\overset{\frown}{L}$——弯曲部分弧长，mm；

α——弯曲角度，(°)；

R——弯曲半径，mm。

(2) 弯曲下料计算和划线

1) 90°弯头（见图3—8）下料计算

①下料长度计算公式

$$L = A + B - 2R + 1.57R$$

式中 L——弯头下料长度，mm；

A，B——分别为直管管端至另一直管段中心线的垂直距离，mm；

R——弯曲半径，mm。

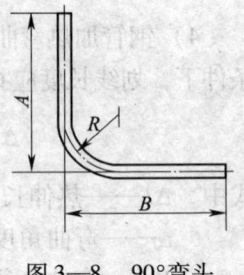

图3—8 90°弯头

②划线。90°弯头划线方法如图3—9所示，在直管上量取下料长度L，然后从一端量取长度A；再倒退R长度至a点并划线，a点就是弯头的起弯点。再从a点向前量取1.57R的弯头弧长得b点并划线，b点为弯头的终弯点。

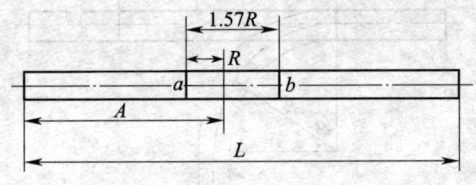

图3—9 90°弯头划线方法

2) 弯曲角为α的弯头下料计算及划线。弯曲角为α的弯头如图3—10所示。

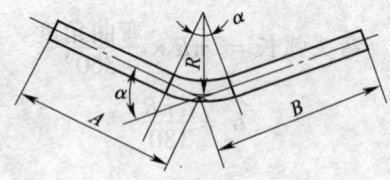

图3—10 弯曲角为α的弯头

① 下料长度计算公式

$$L = A + B - 2l + \widehat{L}$$

式中 L——煨弯下料长度，mm；

l——弯曲角对应的直角边长度，mm；

$\widehat{L}$——弯曲角对应的圆弧长度，mm，$\widehat{L} = \dfrac{\pi}{180} \times R\alpha = 0.0175R\alpha$；

A，B——弯管两端至中心线交点的长度，mm。

② 划线。弯曲角为 α 的弯头划线方法如图 3—11 所示，在直管上量取下料长度 L。从一端量取 A，再倒退量出 l 划出点 a，a 点就是起弯点，从 a 点向前量取管子弯曲角对应的弧长 $\widehat{L}$ 得 b 点，b 点就是终弯点。

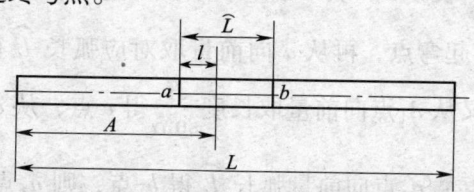

图 3—11 弯曲角为 α 的弯头划线方法

同样，也可以在下料长度 L 的两端量取 A 段和 B 段，得 A_1 点和 B_1 点，再分别由 A_1 点和 B_1 点倒退量取 l 的长度得 a 点和 b 点，a 点和 b 点即分别为起弯点和终弯点。

3）来回弯弯管（见图 3—12）的下料计算及划线

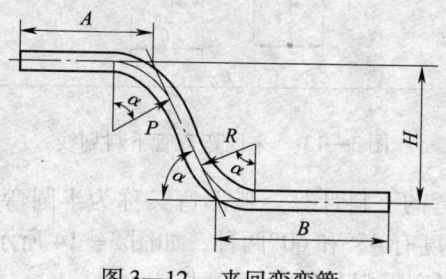

图 3—12 来回弯弯管

①下料长度计算公式

$$L = A + B + \frac{H}{\sin\alpha} - 4l + 2\stackrel{\frown}{L}$$

式中　L——颈状弯管下料长度，mm；

　　　A，B——分别为直管管端至颈状弯管与直管中心线交点的长度，mm；

　　　H——颈曲的高度，mm；

　　　α——弯曲角度，(°)；

　　　l——弯头弯曲角对应的直角边长度，mm；

　　　$\stackrel{\frown}{L}$——弯头弯曲角对应的圆弧长度，mm。

②划线。来回弯弯管下料划线如图3—13所示，首先量取颈状弯管的下料长度L。从一端量取颈长A至A_1点，倒退量取l得a点，a点为起弯点，再从a向前量取对应弧长$\stackrel{\frown}{L}$得b点，b点为终弯点。又从A_1点向前量取长度$\dfrac{H}{\sin\alpha}$得c点，从c点向后退量l得a_1点，再从a_1点向前量弧长$\stackrel{\frown}{L}$得b_1点，则a_1点和b_1点就是第二个弯头的起弯点和终弯点。

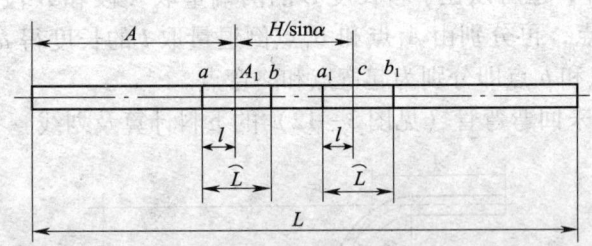

图3—13　来回弯弯管下料划线

4）弧形弯的下料计算。弧形弯又称为半圆弯、抱弯。常用弧形弯管的角度有45°和60°两种，如图3—14所示。

①45°弧形弯下料长度计算公式

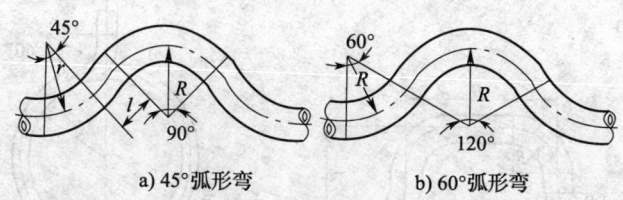

a) 45°弧形弯　　　　b) 60°弧形弯

图 3—14　弧形弯管

$$L = \frac{\pi}{2}(R+r) + 2l$$

式中　L——弯曲部分的展开长度，mm；
　　　R——鼻尖弯的弯曲半径，mm；
　　　r——旁弯的弯曲半径，mm；
　　　l——鼻尖弯的直管段长度，mm。

② 60°弧形弯下料长度计算公式

$$L = \frac{4}{3}\pi R$$

式中　L——弯曲部分的展开长度，mm；
　　　R——弯曲半径，mm；

5) 方形补偿器的下料计算。方形补偿器是由 4 个 90°的弯头组成的，如图 3—15 所示。其下料长度计算公式为：

$$L = 2A + B + 2\pi R - 6R$$

式中　L——弯曲部分加补偿器壁直顶管部分的长度，mm；
　　　A——补偿器的旁宽，mm；
　　　B——补偿器的顶宽，mm；
　　　R——弯曲部分的弯曲半径，mm。

6) 表弯管（见图 3—16）的下料计算

下料长度的计算公式为：

$$L = \frac{\pi}{3}(9R + r)$$

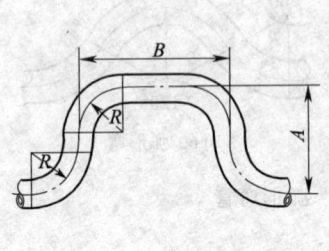 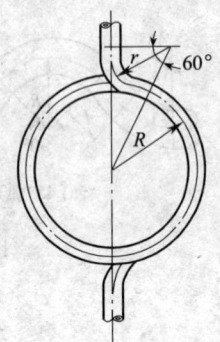

图 3—15　方形补偿器　　　　图 3—16　表弯管

式中　L——弯曲部分的长度，mm；

　　　R——圆环的弯曲半径，mm；

　　　r——环形弯管与直管之间过渡部分的弯曲半径，mm。

以上计算解决了弯管弧长、起弯点的位置和管子全长的计算问题，在实际施工中，工作并没有完结。由于管子在弯曲时受到拉力的作用，造成管壁减薄，断面收缩，从而会使管子沿轴线有一定的伸长，这种伸长与管子的材质、管径以及弯制工艺和弯曲半径等因素有关。伸长量的大小可以通过对各种不同的弯制设备进行实测而得到。实测结果证明，伸长量与弯曲角度成正比关系。弯管的伸长量可用弯曲角度乘以相应的伸长率求得。一组利用液压弯管机（有芯）实测得到的无缝钢管弯管伸长率见表3—4。

表 3—4　　　　　　　无缝钢管弯管伸长率

管子规格(mm)	弯曲半径(mm)	伸长率(%)	管子规格(mm)	弯曲半径(mm)	伸长率(%)
32×3	70	0.090	60×5	125	0.094
38×3.5	80	0.108	76×4	150	0.120
44.5×2.5	90	0.096	89×4	180	0.180
48×4	100	0.110	114×6	230	0.200
57×3.5	110	0.116	108×4	300	0.232

由于有伸长量的存在,在确定连续弯起弯点的位置和计算管子的总长时,就应分别从起弯点计算弯曲弧的长度里扣除每个弯管的伸长量和它们伸长量的总和,只有这样,才不至于因误差的积累在最后造成较大的偏差。

3. 钢管的弯管加工

(1) 钢管冷弯。冷弯是在管子不加热的情况下进行煨弯。优点是不需要加热设备,无人员烫伤的危险,便于操作,管内也不充沙,但弯制的管子公称直径一般不超过 200 mm。由于弯管时不用加热,对弯制合金钢管、不锈钢管、铝管及铜管更为适宜,可以避免奥氏体不锈钢产生析碳现象,因而奥氏体不锈钢在可能的条件下应尽量用冷煨法弯管。

冷弯机具种类较多,有手工操作、液压传动和电动弯管机等。

1) 手动弯管器。手动弯管器是一种手动旋转式弯管机,其结构如图 3—17 所示。弯管器固定在工作台上,使固定胎轮不转动,活动胎轮在手柄推架中转动,这样弯出管子的弯曲半径就是固定胎轮的半径。弯管时,先将管子放入胎轮之间,位置符合已划好的管子起弯点的线上。拧紧压紧螺钉,推动手柄,将管子弯至所需角度为止。手动弯管器的适用范围及技术性能见表 3—5。

2) YW—60 型自动液压弯管机。这种弯管机采用新型的顶弯模具和自动支撑轮等机构,是集顶弯工艺与旋弯工艺于一体的新型弯管设备,既可完成顶弯工艺,又可在装上旋弯机头以后完成旋弯工艺。该设备采用全液压传动,能自动或用手点动进行操作,可用于角度弯、U 形弯、盘管弯、弧形弯等多种形式的弯曲。YW—60 型自动液压弯管机的主要技术指标见表 3—6,其外形如图 3—18 所示。

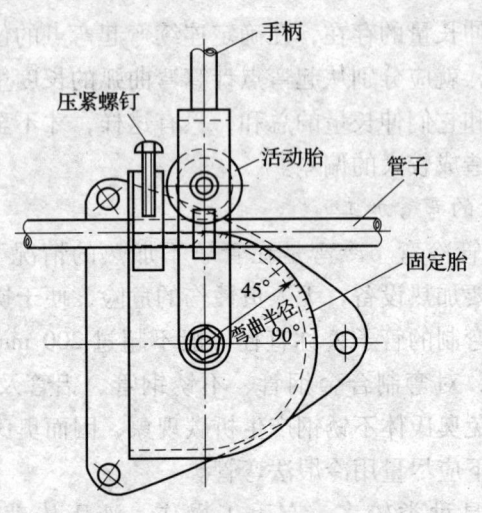

图3—17 手动弯管器的结构

表3—5　　　手动弯管器的适用范围及技术性能

指标	数据		
弯管直径（mm）	15	20	25
弯曲半径（mm）	50	63	85
外形尺寸（mm）	500×152×292	640×162×292	722×230×271
质量（kg）	11	14	17

表3—6　　YW—60型自动液压弯管机的主要技术指标

弯管直径（mm）	13~60	油泵型号	CB306
弯曲角度（°）	0~100	压力（MPa）	14
弯曲半径（mm）	3D~4D	流量（L/mm）	10
液压系统工作压力（MPa）	10	机械质量（kg）	245
电动机型号	Y100L₁—4	外形尺寸（mm）（长×宽×高）	1 000×650×900
功率（kW）	2.2		
转速（r/min）	1 450		

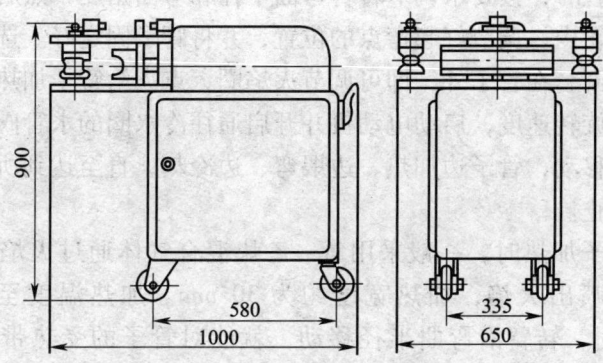

图3—18 YW—60型自动液压弯管机

(2) 钢管热弯。钢管热弯方法有手工充沙热弯法和机械热弯法。目前较多采用机械热弯法,个别情况下还有采用手工充沙热弯法的。

1) 机械热弯

①用火焰弯管机弯管。火焰弯管机的工作示意图如图3—19所示。

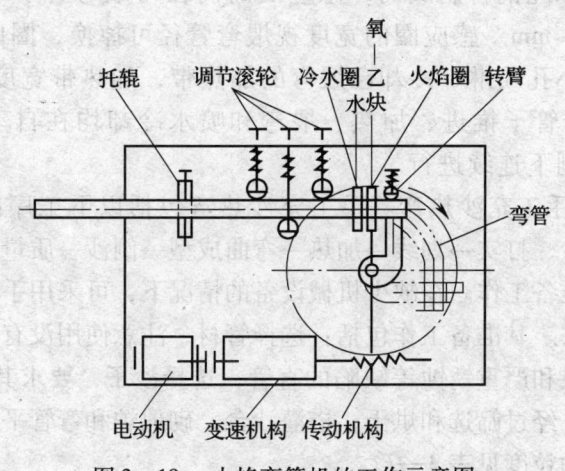

图3—19 火焰弯管机的工作示意图

弯管时，按要求调节转臂弯曲半径和弯曲角度，然后将管子放入滚轮内，调节好起弯点的位置，并将管子固定好。选择合适的火焰圈套在管子外，即可调节火焰圈，点火给管子加热。选择转臂的旋转速度，启动电动机并开启通往冷水圈的水管阀门，转臂缓慢移动，管子边加热、边煨弯、边冷却，直至达到所要求的角度为止。

管子加热时，一般采用氧—乙炔混合气体通过火焰圈内侧的小孔喷出火焰，加热宽度约为 30 mm。加热温度至 780～850℃时，转臂沿弯曲半径移动，就能对管子的受热带进行煨弯，受热带经过煨弯后立即进入冷水圈，喷出的冷水将管子冷却。这样使加热、煨弯、冷却连续进行，即可弯成所需的弯管。

火焰弯管机可煨制外径为 76～425 mm、壁厚为 4.5～20 mm 的钢管，弯曲半径为 DN2.5～5 cm，在管内不用填充物的情况下可保证弯管的圆度。

②用中频弯管机弯管。中频弯管机加热装置的感应圈是用四方形纯铜管制成的，感应圈的内径与煨弯管子外径的间隙约为 3 mm。感应圈的宽度视煨弯管径可掉换，圈内通入冷水，经小孔喷淋、冷却已煨弯的加热带，加热带宽度为 15～20 mm。管子推进、加热、煨弯和喷水冷却均在自动控制系统的控制下连续进行。

2）手工充沙热弯。手工充沙热弯包括以下工序：准备工作→装沙、打实→划线→加热→弯曲成型→倒沙→质量检查。

①准备工作。在缺少机械设备的情况下，可采用手工充沙热弯的方法。其准备工作包括：选择管材，注意使用没有裂纹、凹陷、砂眼和严重锈蚀等缺陷的直管；选择沙子，要求其质量好，耐高温，经过筛选和烘干；搭灌沙台、砌地炉和弯管平台等。钢管充沙的粒度见表 3—7。

表3—7　　　　　　　钢管充沙的粒度

管子公称直径（mm）	<80	80~150	>150
沙子直径（mm）	1~2	3~4	5~6

②装沙、打实。装沙前须将管内清扫干净，管子一端用木塞堵紧，然后将管子立于灌沙台旁，用漏斗将沙子灌入管内，边装边敲打、振实，直到灌入的沙面不再下沉为止，随后封好上管口。

③划线。对装好沙的管子用铅油划出起弯点、加热长度及弯曲中心。

④加热。管子的加热一般在地炉中进行，放管前应将炉内的燃料填足，待炉内燃料燃烧正常以后再将管子放入炉内，并不断转动管子，使受热管段加热均匀，沙子要烧透。加热时火不要过猛、过急，温度要根据管材确定，一般碳素钢钢管为1 000~1 050℃，不锈钢钢管为900~1 200℃。

⑤弯曲成型。将加热后的管子放在多桩孔的弯管平台上，根据管径大小和弯曲角度将管子夹在两桩之间。划线标记露出管桩 1~1.5D，用人工或机械进行弯曲。

弯曲步骤和注意事项如下：

a. 煨制焊接钢管时，焊缝位置应置于侧面45°处，以防止煨弯时因承受过度的拉力或压挤而开焊。

b. 用冷水在起弯点内角处管壁浇水，并从此处开始弯曲，但对锰钢、铬钢热弯时不得浇水。

c. 开始弯曲时要缓慢进行，用力要均匀，在弯曲过程中应不断用样板检查其弯曲角度的正确性。

d. 当部分管子已弯成所需要的曲线时，应浇水冷却，以免弯曲过度；如发现有起包处，应尽快浇水，使其冷却后变硬，以防止鼓包继续扩大。

e. 煨制要一次完成，倘若未完成，其温度降至低于允许值时应重新加热,然后再弯。由于管子冷却后角度会产生收缩,因此在弯曲时弯曲角度应比实际要求大3°~4°。

f. 煨管完成后,在热状态下以管壁慢慢冷却为宜,并在弯曲部位涂些矿物油,以防止管壁氧化生锈。

⑥倒沙。管子冷却后把沙子倒出,用锤子轻轻敲打以便倒净。若要求严格,可用压缩空气将夹沙吹净。将倒出的沙子放在干燥处,以备下次使用。

(3)冲压弯头(又称模压弯头)的制作。将下好的管段或钢板放入加热炉内,加热至900℃左右取出,放进模具中加压成型。用管段压制的可为无缝弯头,还可用钢板压制成瓦状后再焊接为有缝弯头。随后切去毛边、修圆和开坡口。

模压弯管需要多种规格的模具,适宜企业批量生产,成本低。

(4)焊接弯头的制作。焊接弯头是由若干节带有斜截面的管段组成的,组成节数有两个端节和若干个中间节,如图3—20所示为90°焊接弯头。焊接弯头最少组成节数见表3—8。

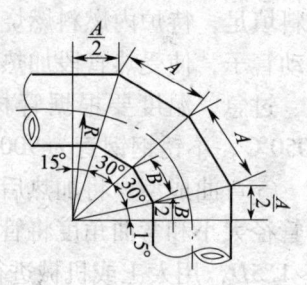

图3—20 90°焊接弯头

表3—8　　　　　焊接弯头最少组成节数

弯头角度	节数	其中	
		端节	中间节
90°	4	2	2
60°	3	2	1
45°	3	2	1
30°	2	2	0
22°30′	2	2	0

1）焊接弯头的放样。焊接弯头的结构尺寸以图3—20为例，中间节的背高为 A，腹高为 B，端节的背高和腹高分别约为 $A/2$ 和 $B/2$，可按下式计算：

$$A/2 = \left(R + \frac{D_W}{2}\right)\tan\frac{\alpha}{2(n+1)}$$

$$B/2 = \left(R - \frac{D_W}{2}\right)\tan\frac{\alpha}{2(n+1)}$$

式中 $A/2$——端节背高，mm；
$B/2$——端节腹高，mm；
R——弯曲半径，mm；
D_W——管子外径，mm；
α——弯曲角度，(°)；
n——弯头中间节数。

2）下料对口焊接。剪好下料样板后即可下料，其步骤如下：

①先沿着管子轴线划两条对称的直线，其间距等于管子外径周长的一半，并用中心冲轻轻冲出记号，以便对口准确。

②将下料样板围在管子外面，沿着下料样板在管子上划出切割线。

③再将下料样板转动180°，划出另一段的切割线，两段之间应留足割口宽度，如图3—21所示为管子下料时的切割线。

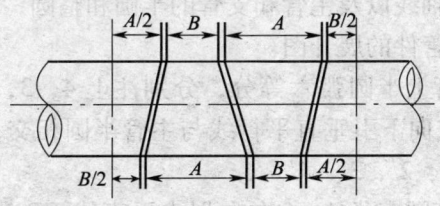

图3—21　管子下料时的切割线

④沿切割线切制管节,其中一个端节可不割下来而与直管相连,待切除后再清除管口上的熔渣。

⑤对口前按焊接要求将管子开坡口,留出必要的间隙,对口时将各管节的中心线对准,点焊定位。

⑥用万能角度尺校正角度,待确认无误后再焊接管口。

二、管件制作

1. 异径直三通管件

异径直三通管件是由两节不同直径的管节垂直相交焊接而成的,其立体图和投影图如图3—22所示。

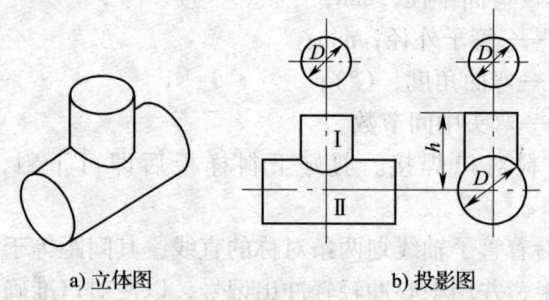

a) 立体图　　　　　　　　b) 投影图

图3—22　异径直三通管件的立体图和投影图

异径直三通管件展开图作图步骤和制作方法如下:

(1) 展开图作图步骤

1) 根据主管和支管外径,在一根垂直轴线上,按支管高度分别划出横向轴线以及主管和支管的半圆和整圆,如图3—23所示为异径三通管件的展开图。

2) 将支管上半圆弧六等分,分别注上4,3,2,1,2,3,4。从各等分点向下引垂直平行线与主管半圆相交,得相应交点4′,3′,2′,1′,2′,3′,4′。

3) 以支管圆直径4—4向右划水平直线 EF,在 EF 上量取支管外圆周长,并分成十二等份,各等分点依次为1,2,3,4,3,2,1,2,3,4,3,2,1。

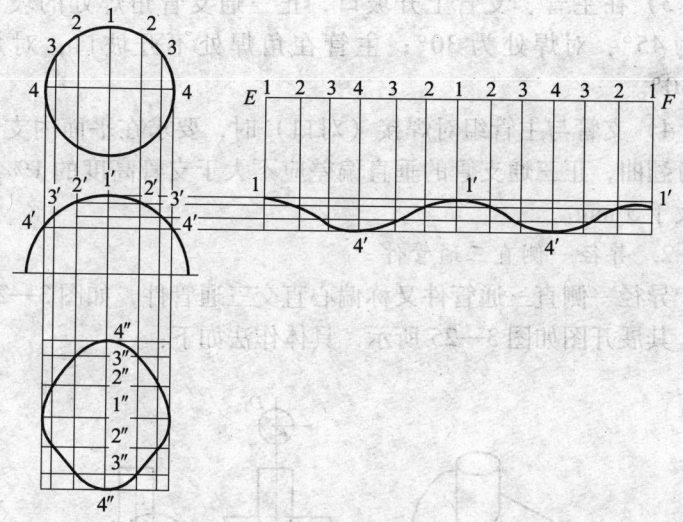

图3—23 异径三通管件的展开图

4）由直线 EF 上的各等分点引垂线与从主管半圆上各交点向右作的水平直线对应相交，将交点连成光滑曲线，即得支管展开图。

5）延长支管圆中心的垂线，在此线上以 $1''$ 为中心，上下对称量取主管圆周上的弧长 $1'2'$，$2'3$，$3'4$，得交点 $1''$，$2''$，$3''$，$4''$，$3''$，$2''$，$1''$。

6）通过上述交点作水平直线，将支管上半圆上的六等分垂直线延长，与这些水平线分别相交后，用光滑曲线连接各相应交点，即得到主管上开孔的展开图。

（2）下料、对口及焊接

1）用剪刀将支管展开图剪下，在选好的管材上放上下料样板进行划线，同时也划出主管开孔位置线。

2）在主管上切割开孔，按支管内径割孔，放样板时应扣除壁厚。

3）在主管、支管上开坡口，正三通支管角焊处的坡口角度为45°，对焊处为30°；主管在角焊处不开坡口，对焊处为30°。

4）支管与主管组对焊接（对口）时，要求在平面内支管不应有翘曲，正三通支管的垂直偏差应不大于支管高度的1%，且不大于3 mm。

2. 异径一侧直三通管件

异径一侧直三通管件又称偏心直交三通管件，如图3—24所示。其展开图如图3—25所示，具体作法如下：

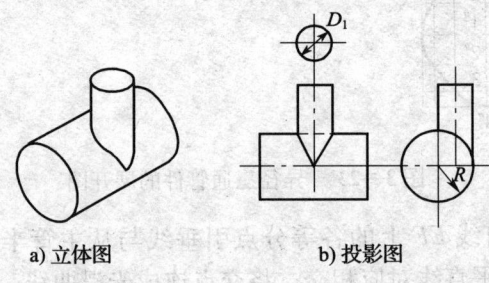

a) 立体图　　　　　b) 投影图

图3—24　偏心直交三通管件

（1）先画出主管立面图和侧面图，如图3—25所示。作出支管顶端断面半圆，并将半圆周长分成四等份，等分点顺序编号为1，2，3，4，5。然后由等分点分别向下作垂线，与主管断面圆周相交于1′，2′，3′，4′，5′。

（2）由交点1′，2′，3′，4′，5′向左引水平线，与从主管立面图上方支管圆周等分点分别向下作的垂线相交，得点1″，2″，3″，4″，5″，4″，3″，2″，1″。然后用光滑曲线连接，得所求接合线。

（3）由支管管端3″—3″向左引水平线，在水平线上截取1—1等于支管圆周长度（πD_1），并划分成八等份，编号为1，2，3，4，5，4，3，2，1。

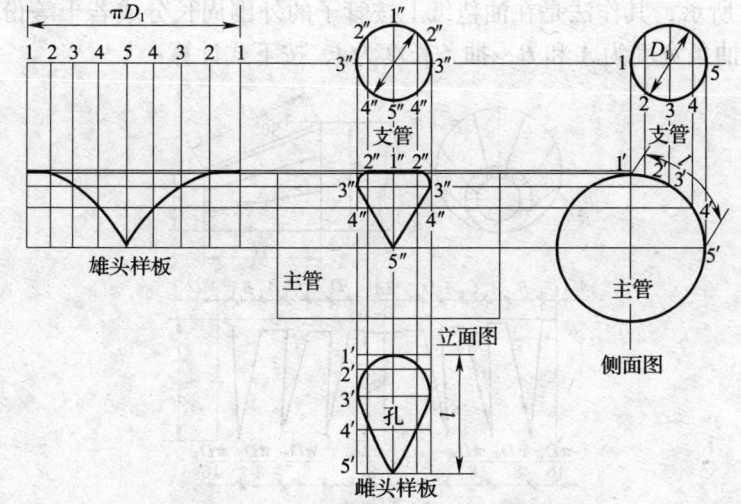

图 3—25 异径一侧直三通管件展开图①

(4) 由 1, 2, 3, 4, 5, 4, 3, 2, 1 各点向下作垂线,与由主管上 $1''$, $2''$, $3''$, $4''$, $5''$, $4''$, $3''$, $2''$, $1''$ 各点向左引的水平线相交,将各交点连成光滑曲线,即得到支管的展开图。

(5) 在立面图上,将支管等分点 $1''$, $2''$, $3''$, $4''$, $5''$ 分别向下作垂线,与侧面图上的主管圆弧 l 展开后的各段弧 $1''2''$, $2''3''$, $3''4''$, $4''5''$ 上的平行线相交,将交点连成光滑曲线,则为主管开孔的展开图。

3. 焊接变径(大小头)管件

变径管件有同心变径管件和偏心变径管件之分,其制作方法有抽条法和钢板卷焊法等。

(1) 用抽条法制作变径管件。用抽条法制作变径管件是指按一定的宽度和长度将管子切割一部分,加热收口焊制而成。

1) 同心变径管件的放样。同心变径管件的展开图如图 3—

---

① 雄头样板是指支管顶端断面半圆展开图;雌头样板是指支管与主管断面圆周相交处平面图。

26 所示，其作法是在油毡纸上按管子的外围周长分成若干等份，其抽条宽度为 A 和 B，抽条长度为 l，按下式计算：

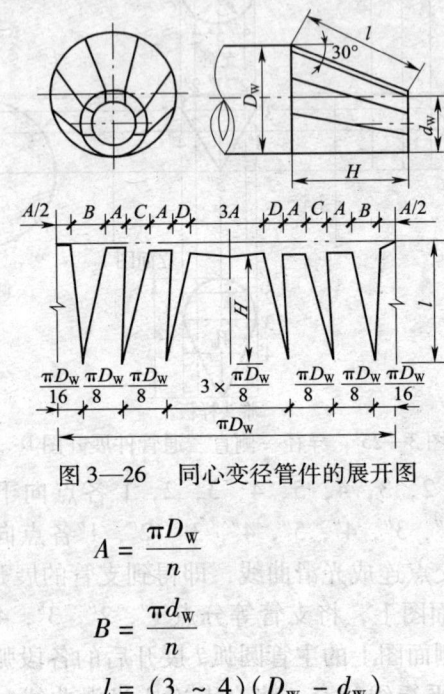

图 3—26　同心变径管件的展开图

$$A = \frac{\pi D_W}{n}$$

$$B = \frac{\pi d_W}{n}$$

$$l = (3 \sim 4)(D_W - d_W)$$

2) 偏心变径管件的放样。偏心变径管件的放样与同心变径管件基本相同，其区别在于管壁向一侧倾斜，不等分地分瓣割掉三角部分，将余下部分敲打合拢后焊接而成偏心变径管件，其展开图与图 3—26 相似。

图中 A，B，C，D 及抽条长度 H 按下式计算：

$$A = \frac{\pi d_W}{8}$$

$$B = \frac{3}{12}\delta$$

$$C = \frac{2}{12}\delta$$

$$D = \frac{1}{12}\delta$$
$$l = (2 \sim 3)(D_W - d_W)$$
$$H = 0.866l$$

式中 δ 为大、小管周长之差，即 $\delta = \pi(D_W - d_W)$。

将同心、偏心变径管件的放样展开图剪下，围在管径管口处，划出抽条切割线，即可进行切割，加热收口，经检查无误后焊接而成。

（2）用钢板卷焊同心变径管件。其展开图作法如图 3—27 所示。

1）首先画出变径管立面图。

2）取线段 ab 长为大头直径。作半圆后进行六等分，每一等份弧长为 $\widehat{l}$。

3）以线段 cd 长为小头直径，作半圆后进行六等分，每一等份弧长为 $\widehat{l'}$。

4）延长斜边 ac 和 bd，相交于 O 点。

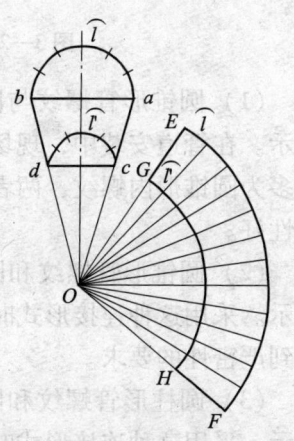

图 3—27 用钢板卷焊同心变径管件的展开图

5）分别以 Oa 和 Oc 为半径画圆弧 EF 和 GH，分别为变径管大头和小头的圆周长，连接四点，即得到变径管的展开图。

模块二 管道的连接

一、螺纹连接

通过内、外螺纹将管子与管子、管子与管件及附件紧密连接起来，称为螺纹连接。这种连接方法适用于低压流体输送用焊接钢管、硬聚氯乙烯等管道。

1. 螺纹连接形式

管螺纹分为圆锥形和圆柱形两种，其连接方式如图3—28所示。

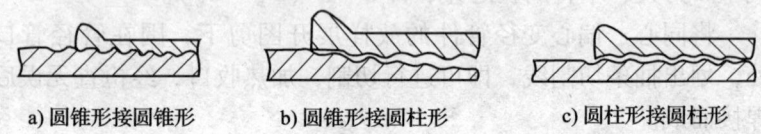

a) 圆锥形接圆锥形　　b) 圆锥形接圆柱形　　c) 圆柱形接圆柱形

图3—28　管螺纹连接方式

（1）圆锥形管螺纹与圆锥形管件内螺纹连接，如图3—28a所示。在管道安装中，现场用管子铰板加工的螺纹为圆锥形，管件多为圆锥形内螺纹，两者连接时内、外螺纹面能密合接触，严密性好。

（2）圆锥形管螺纹和圆柱形管件内螺纹连接，如图3—28b所示。采用这种连接形式时，螺纹的间隙偏大，应注意采用填料达到严密性的要求。

（3）圆柱形管螺纹和圆柱形管件内螺纹连接，如图3—28c所示。采用这种连接形式时，内、外螺纹之间存在着平行而均匀的间隙，也应依靠填料的压紧达到严密性的要求。

2. 螺纹连接方法

螺纹连接时，先在管头螺纹处沿螺纹方向顺时针缠抹适当填料，用手将管件拧上，当用手拧不动时再用管钳拧紧。拧紧时用力要缓慢、均匀，只准进不准退。拧紧后的管口应留有2~3道螺纹，并将残余填料清除干净。

螺纹连接时填料的作用非常重要，当暖卫工程管道输送冷、热水和压缩空气时，填料可采用油麻丝和铅油（白厚漆）或用聚四氟乙烯生料带；当为冷冻管道和燃气管道时，应改用黄粉（一氧化铅）、甘油调和后作为填料，将二者调和成糊状，快速涂在螺纹上，并立即装上管件，一次拧紧，不得松动或倒退。调和后的填料应在 10 min 内用完；否则会失效、硬化。输送燃气的管道也可采用聚四氟乙烯生料带进行密封。当输送高温蒸汽时，管道只能用铅油和石棉绳纤维作为填料。

二、法兰连接

法兰连接是指用螺栓将固定在管件上的一对法兰盘拉紧进行密封，使管件连接成一个可拆卸的整体。它具有连接强度高，严密性好，而且便于拆卸等优点，适用于需要经常拆卸的部位，带法兰进、出口的设备和附件连接处。

1. 法兰与垫片

（1）法兰的分类

1）按法兰密封面形式不同分为平面式、凹凸式、榫槽式和梯形槽式。

2）按法兰连接方式不同分为平焊式、对焊式、螺纹式和承插焊式等。如图 3—29 所示为法兰与管子连接形式。

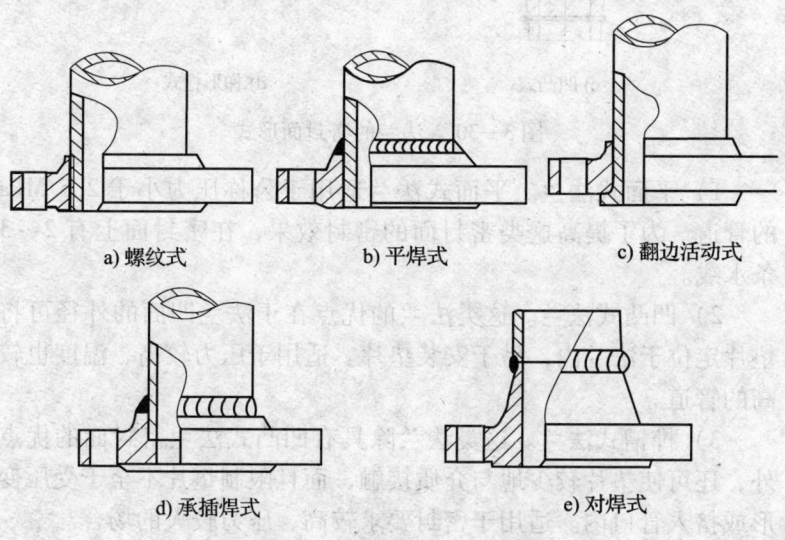

a) 螺纹式　　b) 平焊式　　c) 翻边活动式
d) 承插焊式　　e) 对焊式

图 3—29　法兰与管子连接形式

3）按制造材质不同分为钢制法兰、铸铁法兰、有色金属法兰、玻璃钢法兰和塑料法兰等。

（2）法兰的密封面。法兰的密封面形式如图3—30所示。

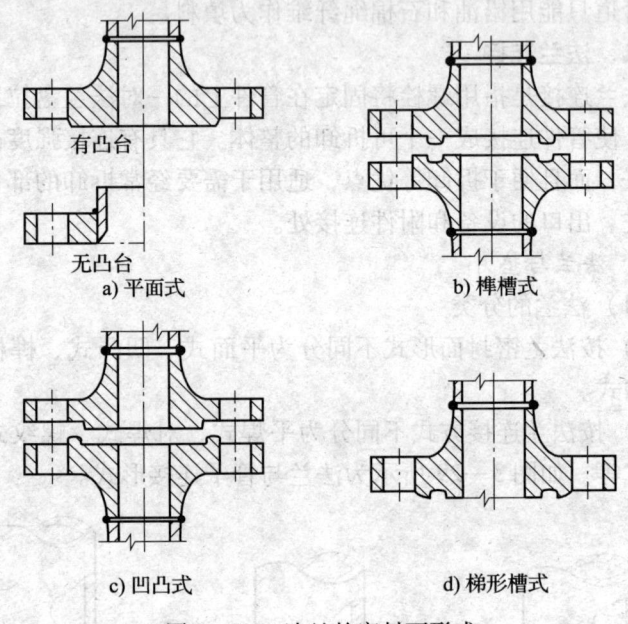

图3—30 法兰的密封面形式

1）平面式法兰。平面式法兰适用于公称压力小于2.5 MPa的管道。为了提高这类密封面的密封效果，在密封面上有2~3条水线。

2）凹凸式法兰。这类法兰的优点在于法兰凹面的外径可将垫片定位于法兰内，易于安装垫片。适用于压力较高、温度也较高的管道。

3）榫槽式法兰。这类法兰除具有凹凸式法兰密封面的优点外，还可使垫片较少地与介质接触，而且限制垫片不至于受压变形或挤入管口内。适用于密封要求较高、压力较大的场合。

4）梯形槽式法兰。这类法兰的密封面上有一环槽，在槽内放入椭圆形或八角形金属垫片，螺栓拧紧后有很高的密封性。适用于高温、高压管道系统中。

（3）垫片。在法兰接口中间应放上垫片，用来保证接口严密不漏。垫片的尺寸应与法兰盘密封面相符合，内径应大于管子的内径，以免垫片凸入管腔中；垫片的外径不能太大，以免挡住法兰盘的螺栓孔，影响螺栓的穿过；垫片的材质应符合要求，表面不得有沟纹、断裂等缺陷；垫片应具有弹性，并且在管内介质作用下不被腐蚀。垫片的材质应根据输送介质的性质、温度及工作压力等因素合理选用。常用的垫片有以下几种：

1）橡胶板。橡胶板具有弹性好、防水性好的特点，适用于温度低于60℃，工作压力 $p \leqslant 1.0$ MPa 的水、压缩空气、惰性气体的管道连接中。橡胶板分为普通橡胶板、耐酸碱和耐油橡胶板。

2）橡胶石棉板。橡胶石棉板是用橡胶、石棉纤维和黏结剂混合压制而成的，广泛应用于蒸汽、燃气、酸碱等介质的管路中。有低压、中压、高压及耐油橡胶石棉板四种。通常管径 $DN \leqslant 80$ mm 时，垫片的厚度采用 1.5~2.0 mm；DN 为 100~350 mm 时，采用 2~3 mm 的垫片；DN 大于 350 mm 时，采用 3~4 mm 的厚垫片。

3）塑料垫片。有较好的耐腐蚀性，常用于酸碱性介质的管路中。聚氯乙烯塑料板的厚度有 2，3，4 mm 三种，适于在工作温度为 5~50℃，工作压力为 0.6 MPa 的条件下使用。还有聚四氟乙烯板，使用时可根据介质的温度、工作压力选用。

4）金属垫片。是指用铝、铜、钢或合金钢等金属制成的垫片。在高压或要求较严格的情况下可用铜、铝等软金属制成矩形截面（扁平环形）的垫片；在高温、高压时，可用不锈钢制成截面形状为八角形、齿形、椭圆形等形状的垫片。

在管道工程中，常采用普通扁平环形垫片，数量少时，一般现场剪裁制成；数量多时，可从生产厂家订购。常用普通扁平环形垫片的规格尺寸见表3—9。

表3—9　　常用普通扁平环形垫片的规格尺寸　　　　mm

公称直径 DN	垫片内径 d	光滑式密封面法兰垫片外径					凹凸式垫片外径		垫片厚度 b
		$PN \leqslant$ 0.6 MPa	$PN =$ 1.0 MPa	$PN =$ 1.6 MPa	$PN =$ 2.5 MPa	$PN =$ 4.0 MPa	$PN =$ 0.2~0.6 MPa	$PN =$ 1.0~10 MPa	
10	14	38	46	46	46	46	24	34	1.6
15	18	43	51	51	51	51	33	39	1.6
20	25	53	61	61	61	61	42	50	1.6
25	32	63	71	71	71	71	51	57	1.6
32	38	76	82	82	82	82	60	65	1.6
40	45	86	92	92	92	92	69	75	1.6
50	57	96	107	107	107	107	80	87	1.6
65	76	116	127	127	127	127	90	109	1.6
80	89	132	142	142	142	142	116	120	1.6
100	108	152	162	162	167	167	135	149	1.6
125	133	182	192	192	195	195	164	175	1.6
150	159	207	217	217	225	225	188	203	2.4
200	219	262	272	272	285	290	245	259	2.4
250	273	317	327	330	340	351	298	312	2.4
300	325	372	377	385	400	416	353	363	2.4
350	377	422	437	445	456	476	403	421	2.4
400	426	472	490	495	516	544	453	473	2.4

2. 法兰与管子的装配

（1）一般规定

1）采用法兰连接时，应使两片法兰的密封面平行，其偏差不大于法兰外径的1.5%，且最大不超过2 mm。

2）不得用厚度不均匀的垫片来调整法兰的平行度误差，不得使用双层垫片。当管径较大，垫片需拼接时，应采用斜口或迷宫式接口，不得平口对接。

3）采用法兰连接时应保持在同一轴线上，其螺栓孔中心对正，保证螺栓自由穿入。螺栓安装方向要一致，拧紧螺栓时应对称、均匀操作。

4）若需要安装垫片时，可分别涂以石墨粉、石墨机油等。

5）使用金属垫片时，安装前应进行退火。

（2）焊接式法兰与管子装配。平焊式法兰与管子装配时，应先将法兰套入管端，管口与法兰密封面之间有1.5倍管壁厚度的距离。焊接法兰时，应先在上方定位点焊一点，再用90°角尺从上下方向校正法兰，使法兰密封面垂直于管子中心线；随后在下方定位点焊一点，用90°角尺沿左右方向校正，合格后焊牢。公称压力$PN<1.6$ MPa 的平焊式法兰只焊外口；$PN \geqslant 1.6$ MPa 的平焊式法兰先焊内口，后焊外口。焊后应将管子内、外焊缝和密封面清理干净。

法兰与管子采用对焊连接时，其焊接方法与通常管口焊接法相同，法兰密封面与管子垂直度的校正、检查与平焊式法兰相同。

（3）法兰连接的注意事项。为便于安装和检修，法兰盘与支架或建筑物墙面的距离应大于 200 mm；不允许将法兰连接处直接埋地，埋地管道的法兰连接处应设置检查井，法兰更不能装在楼板、墙壁和套管内。

（4）法兰连接操作要点

1）两片法兰的对接端面应相互平行，各螺栓孔对正。

2）在水平管路上最上面的两个螺栓孔应呈水平状态，垂直管路上靠近墙面的两个螺栓孔应与墙面平行。

3）将垫片插入法兰盘之间，再将螺栓穿入螺栓孔中，通常在水平管段应先穿法兰底部螺栓，垂直管段应先穿靠墙的一面，然后再穿入其余的螺栓。

4）拧紧法兰螺栓时应采用十字法对称、均匀施力，以保证法兰不变形。拧紧后螺栓杆外露螺母的长度不宜超过螺栓直径的1/2，但不得小于两个螺距。

5）法兰连接好后应进行试压，如发现渗漏，须更换垫片。

6）当法兰连接的管道需要封堵时需采用法兰盖。法兰盖的类型、结构、尺寸及材质应与所配用的法兰相一致，只不过法兰盖无中间安装管子的法兰孔。

三、承插连接

管道的承插口连接又称捻口，是指把承插式管道的插口插入承口内，在承口和插口的缝隙内填入适当的填料，从而将管道连接起来。在管道安装工程中，带承插口的铸铁管、陶瓷管、塑料管等管材采用承插连接。按接口使用材料的性质不同分为刚性接口和柔性接口两类。通常刚性接口内填油麻或橡胶圈，外填石棉水泥、膨胀水泥、青铅等材料；柔性接口采用特制橡胶圈顶入管口即可，安装简便，无须养护即可通水，接口性能好。

1. 承插式刚性接口

承插式刚性接口的形式如图3—31所示，这种接口由嵌缝材料和密封填料组成。

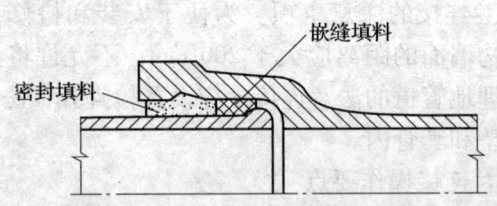

图3—31　承插式刚性接口的形式

（1）嵌缝材料。嵌缝材料有油麻、橡胶圈、粗麻绳和石棉绳等。其主要作用是使承插口缝隙均匀，增加接口的黏着力，保证密封填料击打密实，而且可以防止填料掉入管内。

1）油麻的填塞。将油麻拧成直径为接口间隙 1.5 倍的麻辫，其长度为接口环形间隙周长稍有搭接。

油麻填打程序为：将承插口用毛刷清理干净→用铁牙将接口间隙背匀→用麻錾将油麻塞入接口→开始用锤子打第一圈油麻，打麻→錾挨→錾打，打实后再卸铁牙。然后再填 2~3 圈油麻，打法同上，填麻时要注意将油麻接头错开。

2）橡胶圈的填塞。采用圆形截面橡胶圈作为嵌缝材料时比用油麻密封性能好，可称为半柔性接口。

①胶圈的选配。橡胶圈直径是按压缩率为 37%~48% 的幅度确定的。

橡胶圈内环直径按插口外径的 0.85~0.90 倍制作。当管径 $DN \leqslant 300$ mm 时为 0.85 倍，否则为 0.9 倍。

②胶圈填打程序。下管时将胶圈套在插口上，然后用毛刷将承插口工作面清理干净，对好管口，用铁牙背好环形间隙，再自下而上移动铁牙，用錾子将胶圈打入承口，第一遍先依次将胶圈均匀滚至承口水线处，以防止出现"麻花""闷鼻"和"凹兜"等缺陷。再分 2~3 遍将胶圈打至插口小台。若插口无小台时，胶圈打至距插口边缘 10~20 mm 为止，以防止胶圈掉入管缝。

（2）密封填料。密封填料种类较多，应根据管内介质和工作压力等选用。

1）石棉水泥接口。石棉水泥接口是传统的承插接口方式，具有较高的强度和较好的抗振性，但生产时劳动强度大。石棉在填料中主要起骨架作用，可改善刚性接口的脆性，一般在给水铸铁管接口中掺入。

水泥是填料的重要成分，它直接影响接口的密封性、填料与管壁间的黏着力。作为接口材料的水泥强度等级应不低于 42.5 级，不得使用过期或结块的水泥。

石棉水泥填料的配合比（质量比）一般为 1:3:7 = 水:石棉:水泥。随拌随用，每次加水拌和的石棉水泥应在 2 h 内用完。

填打石棉水泥的步骤可参照表3—10。在打好的油麻或胶圈承口内，用灰錾自下而上往承口内填塞，石棉水泥接口方法见表3—10。

表3—10　　　　　　石棉水泥接口方法

步骤	填灰深度	使用錾号	打击遍数
1	1/2	1″	2
2	剩余2/3	2″	2
3	填平	2″	2
4	找平	3″	2

石棉水泥接口打完后，应及时保持湿润并进行养护。

当温度低于5℃时，不宜进行石棉水泥接口作业；若要进行，应按冬期施工处理，采取措施防止冻结。

2) 自应力水泥接口。自应力水泥又称膨胀水泥，它是由硅酸盐水泥、石膏和矾土水泥组成的。其配合比按硅酸盐水泥:矾土水泥:石膏 = (70~71.5):14:(14.5~15.5) 的质量比磨制而成。自应力水泥强度高，有较高的膨胀性，而且接口操作时劳动强度低。

填料拌和时的配比（质量比）为沙:水泥:水 = 1:1:(0.28~0.32)。其中沙子应过筛，粒径为0.5~2.5 mm，含泥量不大于2%。拌和时先将水泥和沙子拌匀，再加水拌和，以手捏成团，以轻抛不散、捣实不流塌为度。拌好后的灰浆要在初凝时间（约为30 min）内用完。

操作时，管径在300 mm以下的，可将灰浆一次塞满；管径大于300 mm的，可分层填塞。填塞时用灰錾沿管壁周围均匀捣实，至表面捣出稀浆为止。捣后的灰浆应比承口边缘凹进1~2 mm，并及时进行湿养护。

接口作业完毕，2 h内不得在接口处浇水，可用湿泥或湿草袋覆盖，不得被阳光直射。

2. 承插式柔性接口

刚性接口抗振动、抗变性能较差，受外力作用时易使密封材料产生裂缝，造成管口漏水，不易修补。因此，更多的是采用柔性接口，如图3—32所示为铸铁管柔性接口。这类接口多采用特制橡胶圈，安装时，用专用机具或顶推方法将插口推入承口内。橡胶圈推入式安装法如图3—33所示。

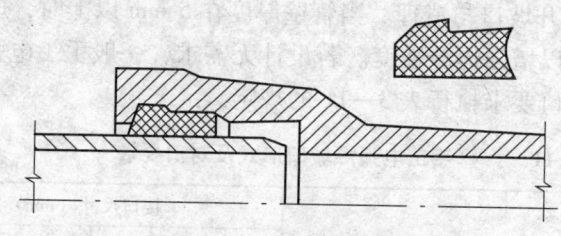

图3—32　铸铁管柔性接口

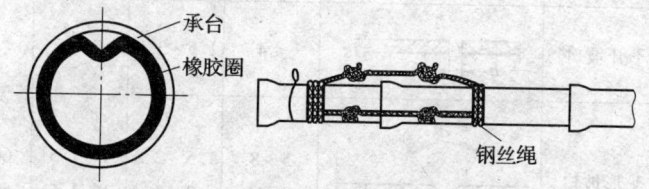

图3—33　橡胶圈推入式安装法

近年来国内引进一种球墨铸铁管生产线，广泛应用于室外给水管道工程中，其接口耐较大的弯曲变形和轴向拉伸变形，抗振性好，而且安装简便，节省劳力，缩短工期，安装后即可通水使用，无须养护。

四、钢管焊接

焊接是钢管的主要连接形式。焊接的方法有手工电弧焊、气焊、手工氢弧焊、埋弧自动焊、接触焊和气压焊等。在施工现场常用的是手工电弧焊和气焊。而手工氢弧焊一般用于不锈钢管的焊接。埋弧自动焊、接触焊和气压焊等方法因设备复杂,多用于管道预制加工企业中。

电弧焊焊缝强度比气焊高,而且比气焊经济,应优先采用电弧焊。只有 $DN \leqslant 50$ mm,壁厚小于 3.5 mm 时才考虑采用气焊。

1. 钢管焊接工艺

焊接主要工序为:检查管口→开坡口与清理→对口→点焊→平直度的校正→施焊→焊缝检查。

(1) 开坡口与清理。当管壁厚度在 5 mm 以上时,应将管端开坡口,以增强焊缝强度。若设计无需求,一般手工电弧焊坡口形式及对口要求执行表 3—11 的规定。

表 3—11　　手工电弧焊坡口形式及对口要求

接头名称	对口形式	接口尺寸 (mm)			
		壁厚 t	间隙 C	钝边 p	坡口角度 α (°)
对接不开坡口		≤4	1.5~3.0	—	—
对接 V 形坡口		5~8 8~12	1.5~2.5 2~3	1~1.5 1~1.5	60~70 60~65

坡口的加工可用手工铲、电动砂轮磨、气割和坡口机械加工等方法。当采用气割加工后,必须除去坡口表面上的氧化皮,并将影响焊接质量的凹凸不平处打磨平整。

开坡口后将管口内、外壁 100~200 mm 范围内的铁锈、油污等杂物清除干净,不圆的管口应修整。焊区自然温度过低时,应进行预热,预热温度一般为 100~200℃,预热长度为 200~500 mm。

（2）对口与施焊。对口是管道连接的重要环节，直接影响管道安装的平直度。对口时应使两管中心线在同一条直线上，对口的错口偏差值不得大于管壁厚度的 10%，可用钢直尺测量，取数次测量中的最大偏差值。对口间隙值的规定见表 3—11。对于螺旋缝或直缝卷焊管对口时，应将焊缝错开 100 mm 以上。

对口后应立即点焊，使管子初步固定。管子对口后应保证两管段中心线在同一条直线上，焊口处不得有弯曲变形。检查对口质量，若偏差过大，去掉点焊点，重新对口。

点焊点应至少有 3~5 处，每处长度视管壁厚度而定，一般为壁厚的 2~3 倍。

焊接方法有平焊、立焊、横焊和仰焊，如图 3—34 所示。平焊位置操作方便，焊接质量容易保证。而立焊、横焊、仰焊操作困难，对操作人员的技术水平要求高，有条件应尽量采用平焊。

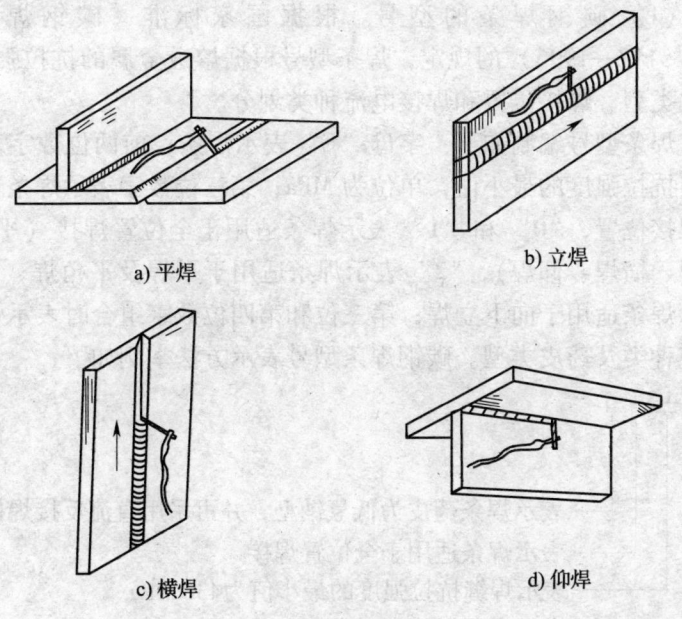

a) 平焊　　b) 立焊　　c) 横焊　　d) 仰焊

图 3—34　焊接方法

施焊时，当管壁厚度在 6 mm 以下时，可按底层和加强层两层焊接；当管壁厚度超过 6 mm 时，应增加中间层。每层的焊缝搭接点应相互错开，并注意焊口因受热而产生的变形。

管道焊接时应有防风和防雨雪措施，当焊区温度低于 -20℃ 时，焊口应预热，预热温度为 100~200℃，预热长度为 200~250 mm。

2. 电焊条

管道工程焊接用的焊条应根据所焊管子的材质进行选择，在确保焊接结构安全、可靠的前提下，根据钢材的化学成分、力学性能、厚度、接头形式、管子的工作条件、对焊缝的质量要求、焊接的工艺性能和技术经济效益等，择优进行选用。

电焊条由金属焊芯和药皮两部分构成。药皮应防止受潮。凡受潮的焊条应烘干后再使用。

(1) 碳钢焊条的型号。根据国家标准《碳钢焊条》（GB 5117—1995）的规定，焊条型号根据熔敷金属的抗拉强度、药皮类型、焊接位置和焊接电流种类划分。

焊条型号编制如下：字母"E"表示焊条；前两位数字表示焊缝抗拉强度的最小值，单位为 MPa；第三位数字表示焊条适用的焊接位置，"0"和"1"表示焊条适用于全位置焊接（平焊、立焊、横焊、仰焊），"2"表示焊条适用于平焊及平角焊，"4"表示焊条适用于向下立焊；第三位和第四位数字组合时表示焊接电流种类及药皮类型。碳钢焊条型号表示方法举例如下：

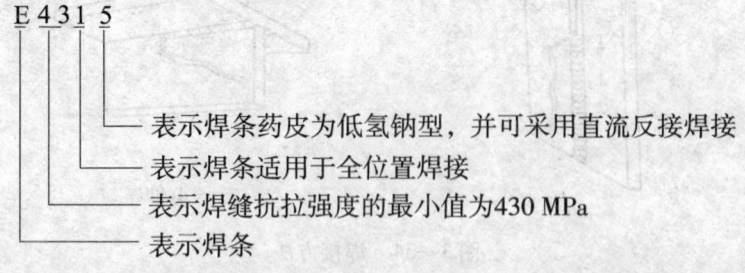

(2) 常用焊条的型号及适用范围见表 3—12。

表 3—12　　常用焊条的型号及适用范围

焊条型号	焊缝抗拉强度 (MPa)	焊接位置	药皮种类	电流种类	主要用途
E4313	430	全位置	高钛钾型	交流或直流正、反接	低碳钢钢管、支架等
E4303	430	全位置	钛钙型	交流或直流正、反接	高压管道、受压容器等
E4301	430	全位置	钛铁矿型	交流或直流正、反接	高压管道、受压容器等
E4320	430	平焊	氧化铁型	交流或直流正、反接	钢管、支架、受压容器等
		平角焊		交流或直流正接	
E5015	490	全位置	低氢钠型	直流反接	锅炉、压力容器等

3. 焊接质量检查

焊缝内部质量应满足国家标准《现场设备、工业管道焊接工程施工及验收规范》(GB 50236—1998)的规定，并且在现场进行外观检查，其内容包括：焊缝表面应平整，宽度、加强面高度应均匀、一致，无肉眼可见的咬口、未熔合、未焊透、夹渣、气孔、焊瘤、裂纹等缺陷，水压试验时焊缝无渗漏。

外观缺陷超过规定标准时，按表 3—13 的规定处理，焊缝缺陷允许程度及修整方法见表 3—13。

表 3—13　　焊缝缺陷允许程度及修整方法

缺陷种类	允许程度	修整方法
焊缝尺寸不符合规定	不允许	加强高度不足时应补焊加强高度，对过高、过宽的应进行修整
咬口	深度大于 0.5 mm 连接长度大于 25 mm	清理后补焊
焊瘤	严重的不允许	清理后补焊
热影响区表面裂纹	不允许	铲除焊口重新焊接
焊接表面夹渣、气孔	不允许	铲除缺陷后补焊
管中心线错开或弯折	超过规定不允许	修整

模块三　仪表的安装

一、压力表的安装

1. 弹簧管式压力表

（1）构造与工作原理。弹簧管式压力表主要由弹簧管、连杆、扇形齿轮、表盘和指针等机件组成，如图 3—35 所示。当被测介质进入弹簧管时，受压力作用，弹簧管变形，带动指针旋转就能测出压力的大小。

（2）主要工作参数。Y 型弹簧管式压力表主要技术参数见表 3—14。一般选用 2.5 级，表盘大小要适当。当被测介质压力较稳定时，仪表的正常指示刻度为最大刻度的 2/3～3/4；当被测介质压力波动时，仪表的正常指示刻度宜为最大刻度的 1/2。

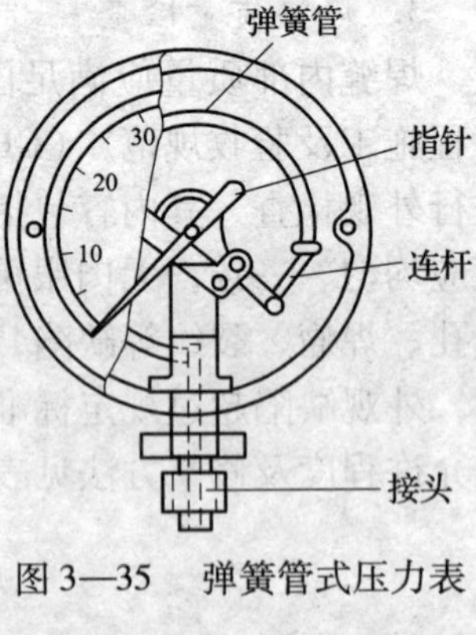

图 3—35　弹簧管式压力表

表 3—14　　　Y 型弹簧管式压力表主要技术参数

型号	表面直径 (mm)	测量范围（MPa）		接头螺纹	精度等级
		下限	上限		
Y—60	60	0	0.1568, 0.245, 0.392, 0.588, 0.98, 1.568, 2.45, 3.92, 5.88, 9.8, 15.68, 24.5	M14×1.5	1.5 2.5 4
Y—100	100	0	0.098, 0.1568, 0.245, 0.392, 0.588, 0.98, 1.568, 2.45, 3.92, 5.88, 9.8, 15.68, 24.5, 39.2	M20×1.5	1.5 2.5
Y—150	150	0	0.098, 0.1568, 0.245, 0.392, 0.588, 0.98, 1.568, 2.45, 3.92, 5.88, 9.8, 15.68, 24.5, 39.2, 58.8	M20×1.5	1.5 2.5
Y—250	250	0	0.098, 0.1568, 0.245, 0.392, 0.588, 0.98, 1.568, 2.45, 3.92, 5.88	M20×1.5	1 1.5 2.5

（3）压力表的安装

1）压力表应安装在直管段上，不宜靠近三通、弯头、变径管等处，以免产生的误差偏大。

2）压力表安装前应检查有无检验合格铅封，若无铅封，应交计量部门检验合格后方可安装。

3）压力表应按图3—36所示的方式进行安装。安装位置要光线充足，以便于观察和检修。

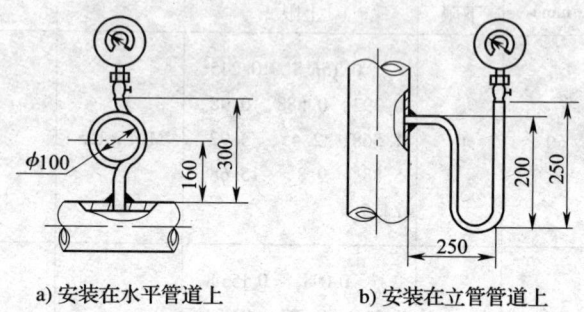

a）安装在水平管道上　　b）安装在立管管道上

图3—36　弹簧管式压力表的安装

4）压力表宜在系统试压冲洗后、试运行前进行安装。
5）使用中的压力表应定期进行检验和校正。

2．U形管压力计

（1）构造。U形管压力计在一个U形玻璃管里盛有液体（如水、水银或酒精等），固定在一块板面上，板面有刻度，如图3—37所示。测量前，U形管内两侧液面在"0"刻度线处相平，测量时，将管子一端用橡皮管与被测管道系统相连接。此时敞开一端的液面将发生变动，若所测管道内是正压，则左侧工作液的液面下降，右侧液面上升；反之，右侧液面下降，左侧液面上升，表明管道内是负压。

（2）作用和适用范围。U形管压力计适用于测量小于0.009 8 MPa（表压）的气体或液体的压力、真空度或压力差等。

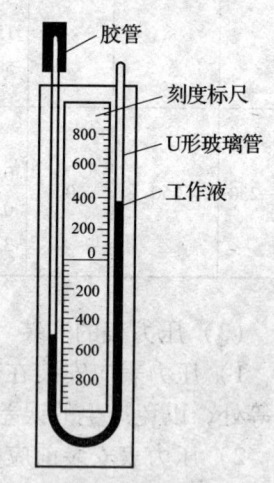

图3—37　U形管压力计

测压时，用一根软管将被测系统上的测压点与 U 形管的一端接通，而 U 形管的另一端与大气相通。由于系统内压力的作用，U 形管内工作液的液面产生高差，根据液位高差，即可换算出系统内压力值。

（3）U 形管压力计的安装。U 形管压力计应安装在便于读数和操作的部位，以环境温度 10~60℃ 范围内为宜。将压力计垂直固定在墙或支架上。

U 形管压力计构造简单，安装方便。读数时，以水银为工作液的 U 形管应取凸面上缘，以水为工作液时应取凹面下缘。

二、温度计的安装

1. 玻璃管式温度计

管道工程中常采用玻璃管式温度计，玻璃管内所装的工作液有水银、酒精、甲苯和戊烷等。当温度变化时，管内工作液的体积随温度的变化而改变，用以测量介质温度。

玻璃管式温度计又称内标式温度计，选用时要注明型号、测量范围、尾部长度及配合螺纹规格等。其安装方式如图 3—38 所示。安装位置应选在便于观察和检修，且不易被损坏的地方。

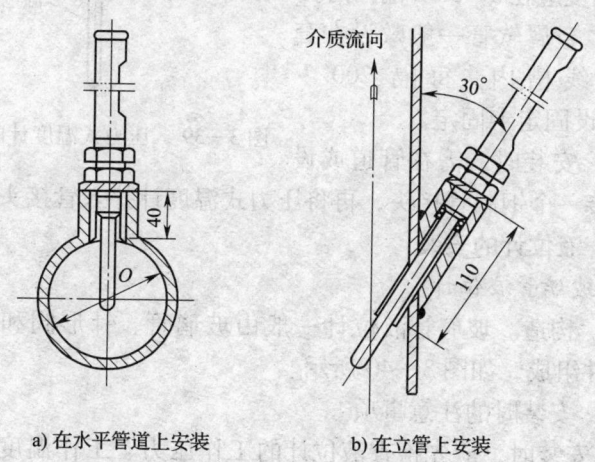

a) 在水平管道上安装　　b) 在立管上安装

图 3—38　玻璃管式温度计的安装方式

安装时，温包端部应尽可能伸入到被测介质管道中心线位置，采热端应逆着介质流动的方向插入。

温度计与管道或容器连接时，应在安装位置焊接一个钢制管接头，以便于将温度计套管接头拧入管接头上，用扳手拧紧。

2. 压力式温度计

压力式温度计的构造如图3—39所示，它是由温包、毛细管和表头等组成的。温包内充有工作介质，当遇冷或热时，介质体积收缩或膨胀，通过金属软管传到表头，指针在刻度盘上指出被测介质的温度值。

安装压力式温度计的注意事项：

（1）温包应立装，并使温包尽量多地插入被测介质中，以减小测量误差。

（2）表头位置应高于温包，而且易于观察。表头和金属软管的环境温度应在5~50℃范围内。

（3）金属软管一般敷设在套管内或线槽内，每隔200~300 mm设固定卡固定。

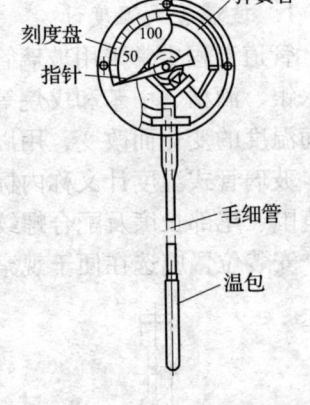

图3—39 压力式温度计的构造

（4）安装时，需在管道或设备上焊接一个钢制管接头，再将压力式温度计拧入管接头内。

三、液位计的安装

1. 玻璃管液位计

（1）构造。玻璃管液位计一般由玻璃管、针形阀和锁紧螺母等部件组成，如图3—40所示。

（2）安装时的注意事项

1）安装时，应先检查液位计的工作压力、工作温度是否符合设计要求，待确认无误后方可安装。

2）先用外接头将针形阀装在预先固定在容器上的管接头上。上、下针形阀的锁紧螺母中心应在同一铅垂线上。

3）安装玻璃管时，先将玻璃管插入上、下针形阀内，之后加入填料挤紧，再将锁紧螺母拧紧，确保不渗、不漏为止。

4）玻璃管液位计安装后，其针形阀应灵活，玻璃管应清晰，安装端正、牢固，所在位置便于观察和操作。

2. 浮标液位计

（1）构造。浮标液位计是测定液面的一种最简单的仪表，其结构如图3—41所示。它由浮标、滑轮、平衡块、指示器和标尺等组成。这种液位计结构简单，直观，价格低，维修方便。

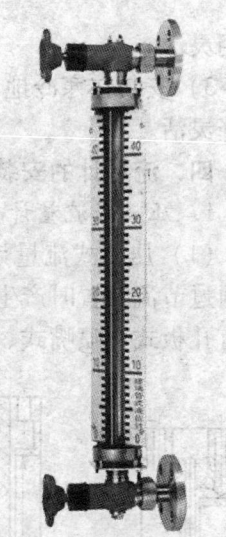

图3—40　玻璃管液位计

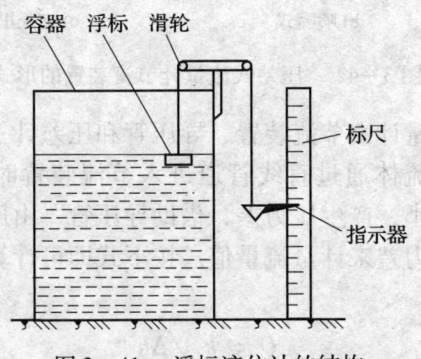

图3—41　浮标液位计的结构

（2）安装时的注意事项

1）浮标应远离容器的进口和出口。

2）浮标、滑轮、标尺安装后应在相应的平面内保持垂直，使用灵活。

3）安装在寒冷地区时，应采取防寒措施，保证绳索、滑轮升降灵活。

四、流量计的安装

1. 压差式流量计

（1）压差式流量计的结构和作用原理。压差式流量计用流体通过节流装置时产生的压力差来计量通过的流量值。其节流装置有孔板式、喷嘴式、文丘里管三种形式，如图3—42所示。

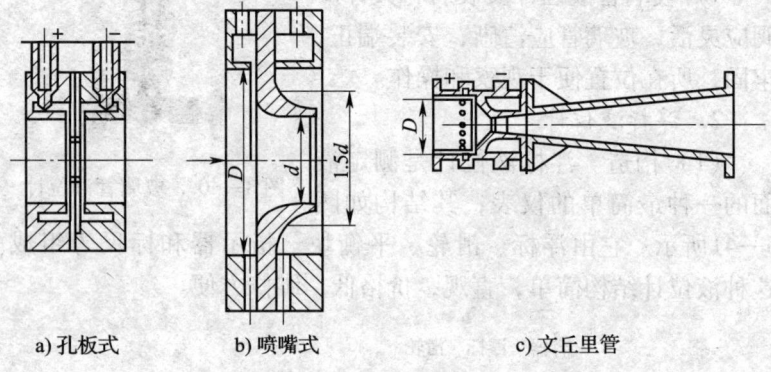

a）孔板式　　　b）喷嘴式　　　c）文丘里管

图3—42　压差式流量计节流装置的形式

压差式流量计由节流装置、导压管和压差计三部分组成。其工作原理是：流体通过直线管道进入节流装置时，流速突然升高，静压力减小，产生压力差，借助导压管，由压差计显示节流装置前后的压力差来计量流量值。按下式即可计算被测流体的流量：

$$Q = k\sqrt{\Delta h}$$

式中　Q——所测流量，m^3/s；

Δh——节流装置压差值，m；

k——流量系数。

（2）压差式流量计的安装

1) 节流装置的安装

①节流装置可安装在水平、垂直或倾斜管路上,但必须是管径不变且附近没有管件的直管段上。

②节流装置安装处的管道内表面应光滑、无凸凹现象,不产生涡流,以免计量不准。

③注意节流装置的安装方向,若外壳标有"+"号为迎水流方向,"-"号端为出水端。

④安装节流装置时,先检查管口是否符合设计要求,开坡口,焊接法兰盘应垂直于管道轴线,法兰中心线与管道中心线重合。

2) 导压管和压差计的连接。为了使测量数值准确,防止杂质进入导压管和压差计,对节流装置前后压力引出口的位置应合理选择。若被测流体为液体时,宜从管道下半部45°角的方向引出,压差计最好装在被测管道的下方;测定气体时,应从管道上部引出,压差计装在管道上方;测定蒸汽时,在导压管上必须装冷凝器。

为便于维修导压管和压差计,在导压管路上应安装必要的切断、冲洗等所需要的阀门。

压差计应安装在便于观察和保护、不易损坏、温度适宜(10~60℃之间)的环境中。

2. 齿轮式水表

齿轮式水表有旋翼式和水平螺翼式两种。其工作原理是:根据管径不变,流速与流量成正比关系,以水流带动水表叶轮的转动计量水量。

(1) 旋翼式水表。旋翼式水表有冷水表和热水表两种,适用于测量小流量场合,如居民楼各单元户水表,如图3—43所示,它与管道的连接常为螺纹式接口。

(2) 水平螺翼式水表。这类水表翼轮转轴与水流方向平行,水流阻力小,适用于装在较大口径的管道上,如图3—44所示。

(3) 安装要求

1) 安装时宜选择装在无振动、易观察、无污染的环境中, 并采取防冻措施。

2) 安装时要注意方向性, 不得反装。

3) 表面以呈水平为宜, 水表前后应有大于 10 倍管径以上的直管段, 以保证计量准确。

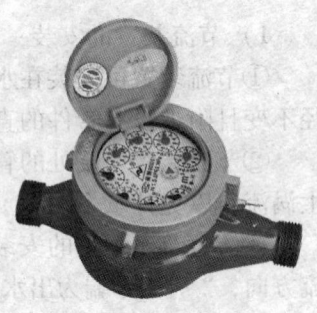

图 3—43 旋翼式水表

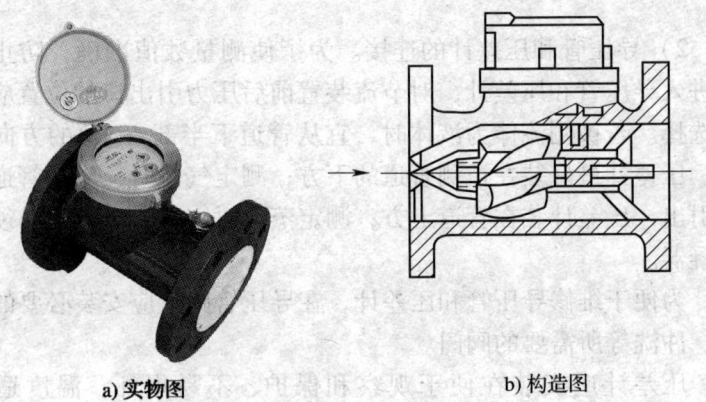

a) 实物图　　　　　　b) 构造图

图 3—44 水平螺翼式水表

第四单元　室内给水系统

培训目标：1. 熟悉室内给水系统的分类和组成。
　　　　　2. 掌握室内给水管道的布置原则和敷设方式。
　　　　　3. 掌握室内给水管道的安装要求和安装工艺。

模块一　室内给水系统的分类和组成

一、给水系统的分类

根据对水质、水压、水温的要求不同，给水系统可分为以下三类：

1. 生活给水系统

生活给水系统提供日常饮用、烹饪、盥洗、冲洗和其他生活用途的用水。随着人们对饮用水品质要求的不断提高，在某些城市和地区已经实施分质供水。

2. 生产给水系统

生产给水系统提供设备冷却用水、产品工艺用水、清洗用水、生产空调用水、稀释用水、锅炉用水等生产过程中的用水。根据生产工艺的不同对水质要求有较大的差异。

3. 消防给水系统

按国家《消防法》规定，对可用水进行灭火的建筑物必须设置消防给水系统。消防用水对水质要求不高，但必须按照建筑防火规范要求保证供给足够的水量和水压。

实际上，一幢建筑物内并不都需要单独设置三种给水系统，可根据经济比较和建筑物内用水设备对水质、水压和水量的要求，组成不同的共用给水系统，诸如生活—消防给水系统、生活—生产给水系统、生产—消防给水系统和生活、生产、消防三者共用的给水系统。其水源可来自城市自来水管网、中水系统或自备水源等，依据用户对水质要求而定。

二、给水系统的组成

室内生活给水系统一般由引入管、干管、立管、配水支管和用水设备等组成，如图4—1所示。此外，在给水管路上还需设置阀门、水锤消除器、过滤器、减压孔板、水表等附件，有时还需设置水箱、水池、水泵等设备。应根据设计要求确定。

1. 引入管

引入管是指将室外给水管网引入建筑物内部给水系统的连接

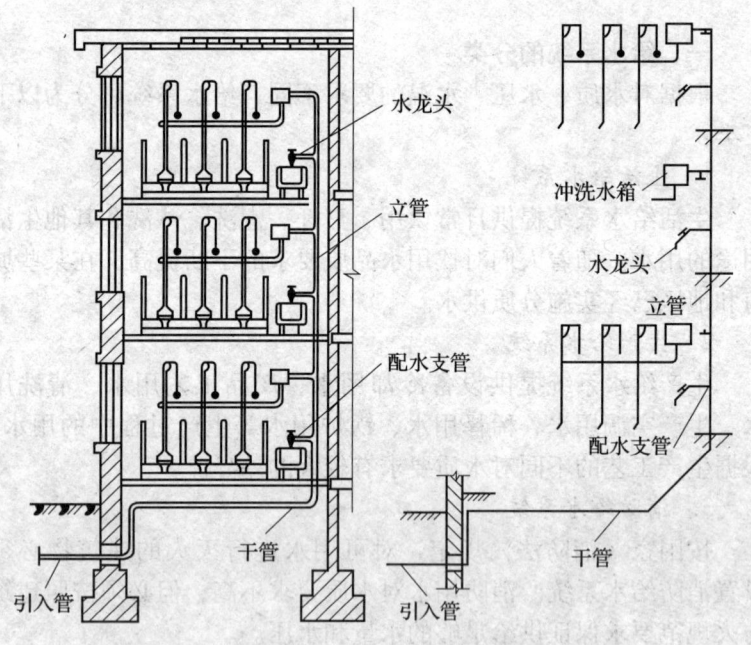

图4—1 室内生活给水系统

管,又称进户管。

2. 干管

干管是指连接引入管与立管的管段。

3. 立管

立管是指将干管送来的水沿垂直方向送至各楼层的配水支管的管段。

4. 配水支管

配水支管是指将立管中的水送至各用水设备的管段。

5. 其他用水、储水、计量设备。

模块二 室内给水管道的布置与敷设

一、给水管道的布置

1. 布置要求

室内给水管道的布置与建筑结构、用水要求、配水点和室外给水管道的位置,以及供暖、通风、空调和供电等其他建筑设备工程管线的布置等因素有关。实际布置给水管道时,不但需考虑以上因素,还要满足以下基本要求:

(1) 确保供水安全和良好的水力条件,力求经济合理;保护管道不受损坏;不影响生产和建筑物的使用;便于安装和维修。

(2) 管道应尽可能与墙、梁、柱平行,呈直线走向,力求简短,但不能妨碍生活和工作等的通行。室内给水管网宜采用枝状布置,单向供水;当建筑物不允许间断供水或室内消火栓总数超过10个时,应采用环状管网或贯通枝状双向供水。给水埋地管应尽量布置在不会被重物压坏处,管道尽量不要穿越生产设备的基础、伸缩缝、沉降缝,若要穿过应采取保护措施。

(3) 给水管不得布置在建筑物内的下列部位和房间:

1）遇水能引起爆炸、燃烧或被损坏的原料、产品和设备的上面。

2）橱窗和壁橱内及木装修中，如不可避免时，应采取隔离措施。

3）可能受振动或被重物压坏的地面下。

4）地下室结构层底板和设备基础内。

5）大便槽、小便槽、排水沟以及烟道、风道内。

6）若必须通过生产设备上面时，给水管应有防护措施。

7）变电室和配电室。

2. 给水管道按水平干管布置位置的划分

（1）下分式给水。如图4—2所示为下分式给水系统。采用这类布置方式时，水平干管敷设在首层管沟内或直埋地下，有地下室的建筑物可敷设在地下室天花板下。水是自下向上供给的。这类布置常用于一般居住建筑和公共建筑中的直接给水系统。

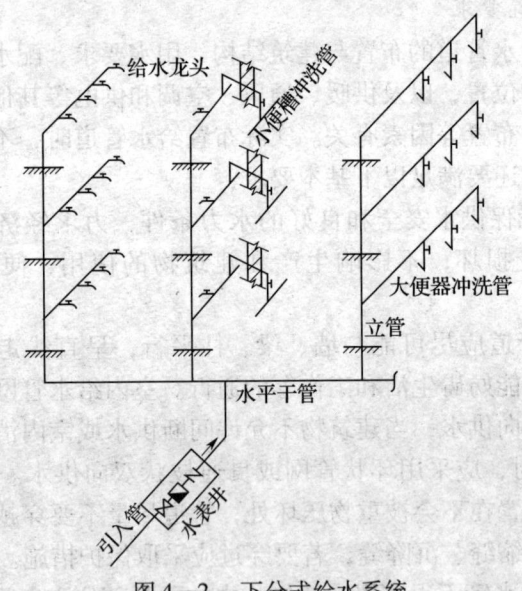

图4—2　下分式给水系统

(2) 上分式给水。如图 4-–3 所示为上分式给水系统。采用这类布置方式时，水平干管敷设在顶层天花板下或吊顶层内，从上向下供水。多用于多层建筑或设有水箱的给水系统。

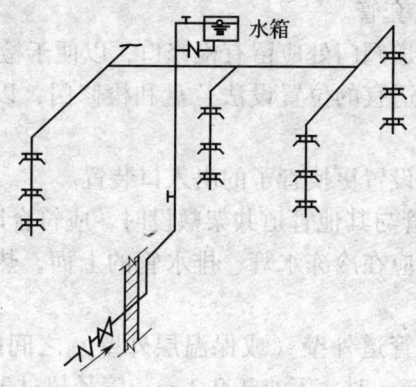

图 4—3　上分式给水系统

(3) 中分式给水。采用这类布置方式时，水平干管敷设在中间设备层内或中间层吊顶内，向上、下两个方向供水。常用于高层建筑中设有中间设备层的建筑中。

二、给水管道的敷设

给水管道的敷设主要有明装和暗装两种形式。

1. 明装

明装即管道外露敷设。其优点是安装和维修方便，造价低；缺点是影响美观，表面易积灰尘或结露等。一般用于对卫生、美观没有特殊要求的民用建筑和生产车间中。

2. 暗装

暗装即管道隐蔽敷设。管道敷设在吊顶、管沟、墙槽、夹壁墙或管井内。其优点是不影响室内美观和整洁；缺点是安装复杂，维修不便，造价高。适用于装饰和卫生标准要求高的建筑物中。

(1) 给水管道暗装时，应遵守以下规定：

1) 水平干管应敷设在设备层、吊顶和管沟内。

2) 立管应敷设在管道竖井或竖向墙槽内。

3) 支管允许埋设在楼板面或地面垫层内,但铜管和聚丁烯(PB)管应设有套管。

4) 暗装管道阀门处应留有检修口,以便于检修和操作。

5) 在管道适宜的位置设法兰盘和检修门,以便于维修或更换管道。

6) 管沟应设置更换管子的出入口装置。

(2) 给水管与其他管道共架敷设时,应符合以下要求:

1) 给水管应在冷冻水管、排水管的上面,热水管和蒸汽管的下面。

2) 管道与管道外壁(或保温层外壁)之间的最小间距为:管径不超过32 mm时,不小于0.1 m;管径超过32 mm时,不小于0.15 m。

3) 管道上的阀门不宜并列设置。若必须并列设置,则应满足下列规定:管径小于50 mm时,阀门外壁最小净距不小于0.25 m;管径为50~150 mm时,阀门外壁最小净距不小于0.3 m。

4) 给水水平干管应有不小于2‰的坡度坡向泄水口。

5) 管沟内的管道应尽可能单层布置。当采取双层或多层布置时,一般将管径小、阀门较多的管道放在上层。管沟应有与管道相同的坡度和防水、排水设施。

6) 管道在地沟内或沿墙等处敷设时,应按施工技术规范和设计要求,每隔一定距离设支架和吊架加以固定。

3. **其他敷设情况及采取的措施**

(1) 管道穿过建筑物墙、楼板时,应采取以下防护措施:

1) 穿地下室外墙和构筑物墙壁时,应设防水套管,如图4—4所示为刚性防水套管的做法。

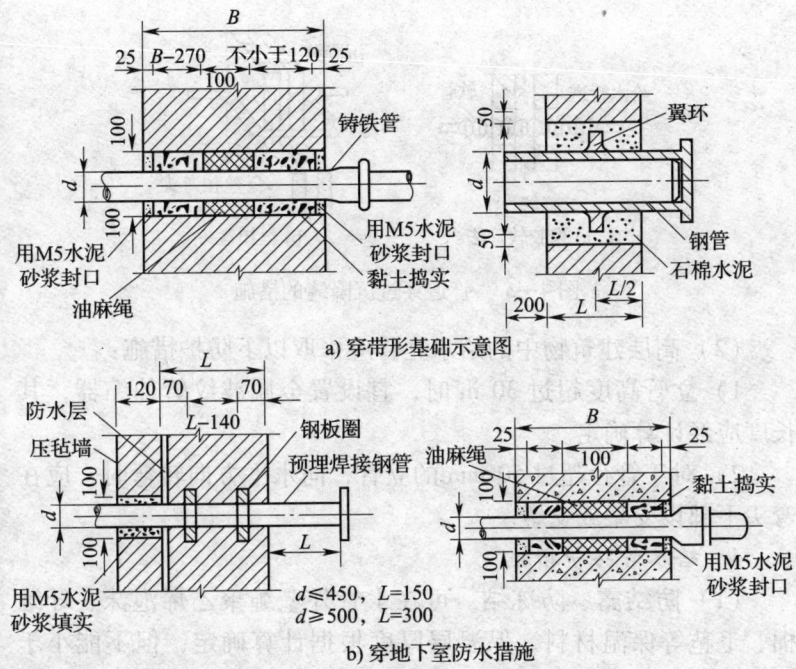

图 4—4 刚性防水套管的做法

2)穿过建筑物承重墙或基础时,应预留洞口,其尺寸见表 4—1。洞口管顶上部净空不得小于建筑物的沉降量,一般不小于 0.1 m,并用不透水的弹性材料填充。

表 4—1 管道穿过承重墙或基础时预留洞口的尺寸   mm

管径	≤50	50~100	125~150
孔洞尺寸	200×200	300×300	400×400

3)管道必须穿过伸缩缝及沉降缝时,宜采用波纹管、橡胶软管和补偿器等方法处理,如图 4—5 所示为管道穿过沉降缝的措施。

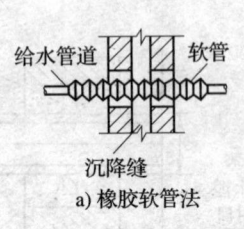 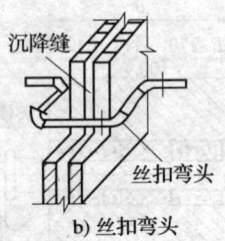

图4—5　管道穿过沉降缝的措施

（2）高层建筑物中的给水立管应采取以下防护措施：

1）立管高度超过30 m时，宜设置金属波纹管伸缩器，其长度应经计算确定。

2）对于管径超过50 mm的立管，向水平方向转弯时，应在弯头下部设支架或支墩。

4．给水管防护措施

（1）防结露、防冻结。可在水管外壁缠聚乙烯泡沫、纤维棉、毛毡等保温材料，保温层厚度根据计算确定，但不能小于25 mm。

（2）防腐。通常的防腐做法是管道除锈后在外壁刷涂防腐涂料。

（3）防漏。防漏的主要措施是避免将管道布置在易受外力损坏的位置，或采取必要的保护措施，避免其直接承受外力。

（4）防振。当管道内的水流速过大时，在启闭阀门的时候容易引起管道、附件的振动，不但容易损坏管道和附件，还会产生噪声。在设计时要控制水的流速，而且还要在管道的支架和吊架上加装防振垫，在安装进、出水泵等一些振动比较大的设备时可加装曲挠式软接头，以尽量减少振动。

模块三 室内给水管道的安装

一、一般规定

1. 室内给水系统管材应符合设计要求。

2. 给水管道的管件必须与管材相适应。生活给水系统所涉及的材料必须满足饮用水卫生标准的要求。

3. 给水引入管与排水排出管的水平净距不得小于 1 m。室内给水与排水管道平行敷设时，两管间的最小水平净距不得小于 0.5 m；交叉敷设时，给水管应敷设在排水管上面，垂直净距不得小于 0.15 m。若给水管必须敷设在排水管的下面时，给水管应加套管，其长度不得小于排水管管径的 3 倍。

4. 地下室或地下构筑物外墙有管道穿过时，应采取防水措施。对有严格防水要求的建筑物，必须采用柔性防水套管。

5. 管道穿过结构伸缩缝、防振缝及沉降缝敷设时，应根据情况采取以下保护措施：
（1）在墙体两侧采取柔性连接。
（2）在管道或保温层外皮上、下部留有不小于 150 mm 的净空。
（3）在穿墙处做成方形补偿器，水平安装。

6. 明装管道成排安装时，直线部分应互相平行。曲线部分：管道水平或垂直并行时，应与直线部分保持等距；管道水平上下并行时，弯管部分的曲率半径应一致。

7. 管道支架、吊架、托架的安装应符合以下规定：
（1）位置正确，埋设应平整、牢固。
（2）固定支架与管道接触应紧密，固定应牢靠。
（3）滑动支架应灵活，滑托与滑槽两侧间应留有 3~5 mm 的间隙，并留有一定的偏移量。

（4）无热伸长管道的吊架、吊杆应垂直安装。

（5）有热伸长管道的吊架、吊杆应向热膨胀的反方向偏移。

（6）固定在建筑结构上管道的支架、吊架不得影响结构的安全。

8. 钢管水平安装的支架间距不得大于表4—2的规定。

表4—2　　　钢管管道支架水平安装的最大间距

公称直径（mm）		15	20	25	32	40	50	70	80	100	125	150	200	250	300
支架的最大间距（m）	保温层	2	2.5	2.5	2.5	3	3	4	4	4.5	6	7	7	8	8.5
	不保温层	2.5	3	3.5	4	4.5	5	6	6	6.5	7	8	9.5	11	12

9. 给水及热水供应系统的塑料管及复合管垂直及水平安装的支架最大间距应符合表4—3的规定。

表4—3　　　塑料管及复合管管道支架安装的最大间距

管径（mm）		12	14	16	18	20	25	32	40	50	63	75	90	110
支架的最大间距（m）	立管	0.5	0.6	0.7	0.8	0.9	1.0	1.1	1.3	1.6	1.8	2.0	2.2	2.4
	冷水管	0.4	0.4	0.5	0.5	0.6	0.7	0.8	0.9	1.0	1.1	1.2	1.35	1.55
	热水管	0.2	0.2	0.25	0.3	0.3	0.35	0.4	0.5	0.6	0.7	0.8		

10. 铜管垂直及水平安装的支架最大间距应符合表4—4的规定。

表4—4　　　　铜管管道支架安装的最大间距

公称直径（mm）		15	20	25	32	40	50	65	80	100	125	150	200
支架的最大间距(m)	垂直管	1.8	2.4	2.4	3.0	3.0	3.0	3.5	3.5	3.5	3.5	4.0	4.0
	水平管	1.2	1.8	1.8	2.4	2.4	3.0	3.0	3.0	3.0	3.0	3.5	3.5

对于采用金属制作的管道固定支架，应在管道与支架间加衬橡胶垫。

11．给水及热水供应金属管道立管管卡的安装应符合以下规定：

（1）楼层高度小于或等于5 m时，每层必须安装一个。

（2）楼层高度大于5 m时，每层不得少于两个。

（3）管卡安装高度距地面应为1.5～1.8 m，两个以上管卡应匀称安装，同一房间内的管卡应安装在同一高度上。

12．管道穿过墙壁和楼板时应设置金属或塑料套管。安装在楼板内的套管的顶部应高出装饰地面20 mm，安装在卫生间及厨房内的套管的顶部应高出装饰地面50 mm，底部应与楼板底面相平；安装在墙壁内的套管的两端与饰面相平。穿过楼板的套管与管道之间的缝隙应用油麻和防水油膏填实，表面光滑。穿墙套管宜用非易燃物填实且表面光滑。管道的接口不得设在套管内。

13．给水立管和装有3个或3个以上配水点的支管始端均应安装可拆卸的连接件。

二、给水管道的安装工艺

1．安装程序

室内给水管道的安装包括生活给水管道、生活热水管道和消防管道的安装。一般安装程序是：安装准备→预制加工→安装引入管→安装水平干管→安装立管和支管→管道试压→管道冲洗→管道防腐和保温。

2．安装前的准备工作

认真熟悉图样，根据施工方案确定的施工方法和技术交底的具体措施做好准备工作。参阅有关专业设备图，核对各种管道的坐标、标高是否有交叉，管道排列所用空间是否合理，若有问题应及时与设计和有关人员研究解决，办好变更洽商记录。

根据施工图备料，并在施工前按设计要求检验材料、设备的规格、型号、质量等是否符合要求。

了解室内给、排水管道与室外管道的连接位置，穿建筑物的位置、标高及做法，管道穿过基础、墙壁和楼板时，配合土建做好预留洞和预埋件。按设计要求的坡度放好水平管道坡度线，以便于管道的安装，确保安装质量符合设计坡度的要求。

3. 预制加工

按设计图样画出管道分路、管径、变径、预留口、阀门等位置的施工草图，在实际安装的位置做好标记，按标记分段量出实际安装的准确尺寸，标注在施工草图上，然后按草图的尺寸预制加工，如断管、套螺纹、上管件、调直等。

4. 引入管的安装

引入管穿越建筑物基础时，应按设计要求施工，具体如下：

（1）引入管敷设在预留孔内，应保持管顶距孔壁的净空尺寸不小于 150 mm，以防止因基础下沉而破坏引入管。

（2）若引入管进入室内，其底部宜用三通连接，在三通底部装泄水阀或管堵，以利于管道系统试压及冲洗时排水。

5. 给水干管的安装

先了解和确定干管的标高、位置、坡度、管径等，正确地按尺寸埋好支架。待支架牢固后就可以架设和连接给水干管。管子和管件可先在地面组装，长度以方便吊装为宜。起吊后，让管子轻轻落在支架上，用支架上的卡环固定，以防止滚落。对于采用螺纹连接的管子，则在吊上后立刻拧紧。干管安装后还要拨正、调直，从管子端部看过去，整根管子应在一条直线上；干管的变径要在分出支管之后施工，距离主分支管要有一定的距离，大小等于大管的直径，但不能小于 100 mm；干管安装后，再用水平尺在每段上进行一次复核，防止局部管段有"塌腰"或"拱起"的现象。

6. 给水立管、支管的安装

干管安装后即可安装立管。将线锤吊挂在立管的位置上，用粉囊在墙面上弹出垂直线，立管可以根据该线安装。同时，根据墙面的线和立管与墙面确定的尺寸，可预先埋好立管卡。立管长度较长，如采用螺纹连接时，可按图样上所确定的立管管件量出实际尺寸，并记录在图样上，先进行预组装。安装后经过调直，将立管的管段做好编号，再拆开移到现场重新组装。立管安装后即可安装支管，方法也是先在墙面上弹出位置线，但是必须待所接的设备安装定位后才可以连接，安装方法与立管相同。

三、管道试压与冲洗

试压的目的是检查管道和附件安装的严密性是否达到设计和施工验收标准。

1. 试压前应具备的条件

（1）试压管段安装项目已安装完毕。对室内给水管道可安装至卫生器具的进水阀前。

（2）直埋管道、室内管道隐蔽前应采取临时加固措施，并确保安全、可靠。

（3）试验装置完好，并已连接完毕，压力表经过检验并校正，其精度等级应不低于1.5级，表盘满刻度值为试验压力的1.5~2.0倍。

2. 水压试验的步骤

（1）首先检查整个管路中的所有控制阀门是否打开，与其他管网以及不能参与试压的设备是否隔开。

（2）将试压泵、阀门、压力表、进水管等接在管路上并灌水，待灌满后关闭进水阀，将管道系统内的空气排净（放气阀流出水为止），关闭放气阀。

（3）压力达到试验压力时停止加压。管道在试验压力下保持 20 min，如管道未发现泄漏现象，压力表指针下降不超过 0.02 MPa，认为强度试验合格。

（4）把压力降至工作压力进行严密性试验。在工作压力下对管道进行全面检查，稳压 24 h 后，如压力表指针无下降，管道的焊缝及法兰连接处未发现渗漏现象，即可认为严密性试验合格。

（5）试验过程中如发生泄漏，不得带压修理。待缺陷消除后应重新试验。

（6）系统试验合格后，填写管道系统试验记录表。

3．给水系统的冲洗

管道系统强度和严密性试验合格后，应分段进行冲洗。冲洗顺序一般应按主管、支管、疏排管依次进行，分段进行冲洗。冲洗合格后，应填写管道系统冲洗记录表。冲洗方法如下：

（1）系统冲洗前应先制定冲洗方案，包括冲洗水源、排泄出路、冲洗顺序和步骤，以及各项准备工作和安全注意事项等。

（2）冲洗前，应对系统内仪表、不需冲洗的设备等采取一定措施，如隔离或拆除等，待冲洗后再复位。

（3）给水系统一般用洁净的水冲洗。在沿海城市可先用海水冲洗，然后再用淡水冲洗。

（4）以能达到的最大流量和压力进行冲洗，并使水的流速不低于 1.5 m/s。排水管截面积不小于被冲洗管截面积的 60%。

（5）给水系统的冲洗应连续进行，当设计无规定时，以出口的水色和透明度与入口处一致为合格。

（6）管道冲洗合格后，将水排尽。若为生活饮用水管，应用含有 20~30 mg/L 游离氯的水浸泡 24 h 进行消毒，再用饮用水冲洗，经有关部门检验合格后才能使用。

（7）冲洗合格后，除进行必要的恢复工作外，不得再进行影响管内清洁的作业，并填写管道系统冲洗记录表。

4. 给水系统的调试

(1) 给水设备试运行

1) 给水设备启动后,各参数均应满足设计要求。
2) 给水设备调试中查看其运行是否正常。
3) 给水设备运转过程中如发现异常应及时处理。

(2) 系统联动试验

1) 各分项调试完毕,具备整体调试条件。
2) 系统联动后,各用水点的压力和流量均应满足设计要求。
3) 各种控制装置运行正常,无卡塞和失灵现象。
4) 系统联动时,其管道压力及流速均应满足要求,阀门及器具无渗漏、损坏。
5) 调试完毕投入正常使用。

第五单元 室内排水系统

培训目标： 1. 熟悉室内排水系统的分类和组成。
2. 掌握室内排水管道的布置原则和敷设方式。
3. 掌握室内排水管道的安装要求和安装工艺。
4. 掌握卫生器具的安装基本要求和安装方法。

模块一 室内排水系统的分类和组成

一、排水系统的分类

室内排水系统分为污、废水排水系统和屋面雨水排水系统两大类。按照污、废水的来源不同，污、废水排水系统又分为生活污水排水系统和工业废水排水系统。

1. 生活污水排水系统

生活污水排水系统排出居住建筑、公共建筑以及企业生产车间的污水与废水。人们在日常生活中排出的盥洗、洗涤水称为生活废水，排出的粪便污水称为生活污水。生活废水经过处理后，可作为杂用水，如用来冲洗厕所、浇洒绿地或道路、冲洗汽车等；生活污水需经过化粪池处理后方可排入室外排水管道。

2. 工业废水排水系统

工业废水排水系统排出工业生产过程中产生的污水和废水。由于工业生产门类繁多，所排出的污水和废水性质也极为复杂，按其污染的程度不同分为生产污水排水系统和生产废水排水系统。生产污水污染较严重,需要经过处理,待达到排放标准后排放,如化工生产企业中所产生的污水。各类生产污水受到严重污染,化学成分复杂(如污水中含有强酸、碱、氰等对人体有害的成分或一些贵重工业原料)时均应分流,以便于回收利用和处理。生产废水是指未受污染或受轻微污染以及水温稍有升高的工业废水。生产废水一般均应按排出水的性质分别设置管道排出,如冷却水应回收循环使用,洗涤水可回收重复利用。

3. 屋面雨(雪)水排水系统

屋面雨(雪)水排水系统用于排出降落在各类建筑物屋面上的雨水和融化的雪水。

上述三类污水如果分别设置管道排出建筑物外,称为室内排水分流制;若将其中两类或三类污、废水合用管道排出,则称为室内排水合流制。应根据污水和废水的性质、污染程度、室外排水体制、污水和废水综合利用的可能性以及处理要求等因素确定室内排水体制,并设置室内排水系统。

二、排水系统的组成

室内排水系统的组成应满足以下三个基本要求:第一,系统应能够迅速、通畅地将污水和废水排到室外;第二,排水管道系统气压稳定,有毒、有害气体不进入室内,保证室内环境卫生;第三,管线布置合理,工程造价低。为满足上述要求,室内污水和废水排水系统一般由污水和废水受水器、排水管道、清通设备以及通气设备和通气管道等组成,有时根据需要还应设置局部污水处理构筑物及污水和废水提升设备。如图5—1所示为排水系统的组成示例。

1. 污水和废水受水器

污水和废水受水器是指各种卫生器具,是用于排放生产、生活过程中产生的污水、废水或污物的容器或装置。

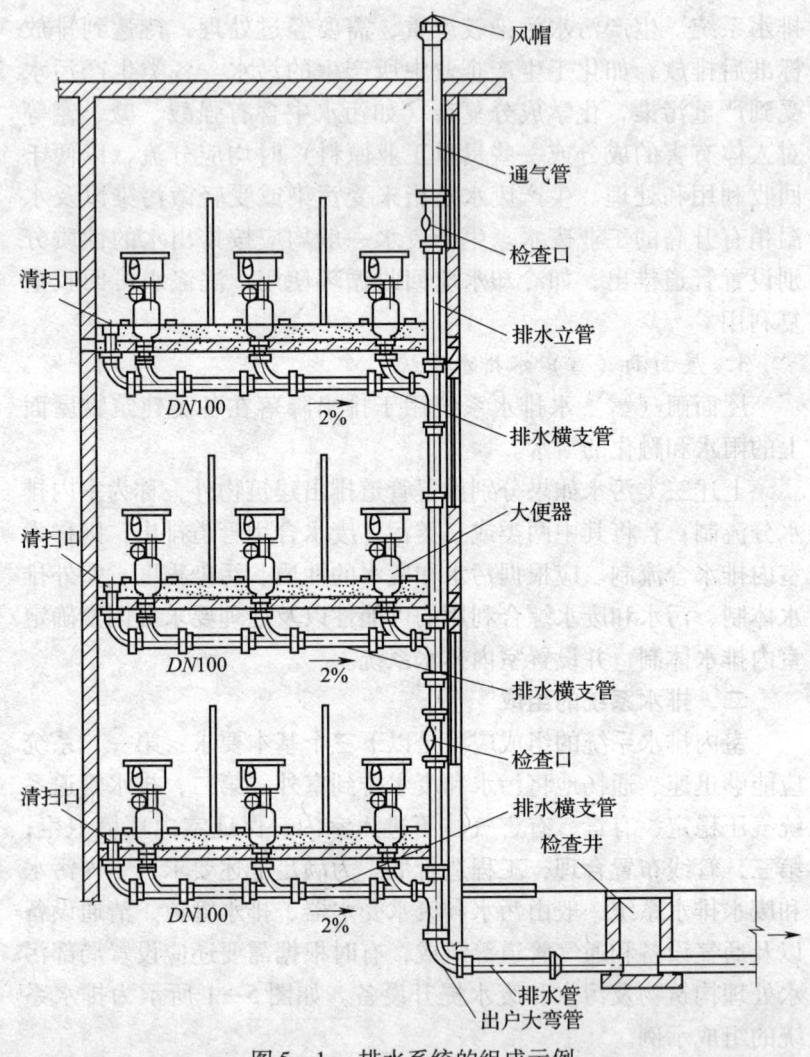

图5—1 排水系统的组成示例

2. 排水管道

排水管道包括器具排水管（含存水弯）、排水横支管、排水立管、排水干管和排出管。

(1) 器具排水管。连接一个卫生器具和排水横支管的排水短管称为器具排水管。器具排水管上设有水封装置（如S形存水弯和P形存水弯等），以防止排水管道中的有毒、有害气体进入室内。

(2) 排水横支管。连接两个或两个以上卫生器具排水支管的水平排水管称为排水横支管。排水横支管应有一定的坡度坡向排水立管，这样有利于污水和废水的排放。

(3) 排水立管。连接排水横支管的垂直排水管的过水部分称为排水立管。

(4) 排水干管。排水干管是连接两个或两个以上排水立管的总横管，一般埋在地下与排出管连接。

(5) 排出管。即室内污水出户管，它是室内排水系统与室外排水系统的连接管道。排出管与室外排水管道的连接处应设置排水检查井。

3. 清通设备

污水和废水中含有固体杂物，容易堵塞管道，降低管道的通水能力。为了清通管道，应在排水管道的适当部位设置清扫口、检查口和室内检查井等。

(1) 清扫口。设置在排水横管上。当排水横管上连接两个或两个以上的大便器、3个或3个以上的其他卫生器具以及横管水平转弯时，应设置清扫口；当横管较长时，每隔一定距离也应设置清扫口。清扫口宜做成上口与地面平齐。

(2) 检查口。是一个带盖的开口配件，拆开盖板即可清通管道。检查口通常设在排水立管上，可以每隔一层设一个，但在底层和有卫生器具的最高层必须设置。安装检查口时，应使盖板向外，并与墙面成45°夹角。检查口中心距地面1 m，并且至少高出该楼层卫生器具上边缘0.15 m。

(3) 室内检查井。对于不散发有害气体或大量蒸汽的工业废水管道，在管道转弯、变径、改变坡度及连接支管处，可在建筑物内设检查井。在直线管段上，排除生产废水时，检查井之间的距离不宜大于 30 m；排除生产污水时，检查井的间距不宜大于 20 m。

4. 通气管道系统

室内排水管道内有水、气两种介质。为使排水管道内空气流通，压力稳定，需要设置与大气相通的通气管道系统。对于层数不多、卫生器具较少的建筑物，仅在排水立管上部设延伸出屋顶的通气管；对于层数较多的建筑物或卫生器具设置较多的排水系统，应设辅助通气管及专用通气管。

通气管顶部应设通气帽，以防止杂物进入管道。对于冬季采暖室外计算温度低于 -15℃ 的地区，应设镀锌铁皮帽；高于 -15℃ 的地区应设铁丝球。

5. 污水局部处理构筑物及污水提升设备

当污水和废水不允许直接排放到室外的排水管网时，需设置污水局部处理构筑物，常用的污水局部处理构筑物有化粪池、隔油池、沉淀池、降温池和接触消毒池等。

在地下室、人防工程和地下隧道等一些标高比较低的建筑物中，收集的污水和废水不能直接排放到室外的检查井，须设置污水提升设备。

模块二　室内排水管道的布置与敷设

一、排水管道的布置

1. 排水管道的布置原则

室内排水管道系统的选择和布置直接关系着人们的生活和生产，在保证排水的通畅及安全、可靠的前提下，还应遵循以下原则：

（1）卫生器具及生产设备中的污水和废水应就近排入立管。

（2）保证设有排水管道的房间或场所正常使用。

（3）便于安装、维修及清通。

（4）管道应尽量避振，避开基础及伸缩缝、沉降缝。

（5）管线应尽量横平竖直，沿梁柱走，使总管线最短，工程造价低。

（6）占地面积小，美观。

（7）管道位置不得妨碍生产操作、交通运输或建筑物的使用。

2．排水管道的布置要求

（1）卫生器具的布置

1）根据卫生间和公共厕所的平面尺寸、所选用的卫生器具类型和尺寸布置卫生器具，既要考虑使用方便，又要考虑管线短、排水通畅、便于维护和管理。

2）卫生器具的安装高度应满足表5—1的要求。

表5—1　　　　　卫生器具的安装高度

序号	卫生器具名称	卫生器具边缘距地面高度（mm）	
		住宅和公共建筑	幼儿园
1	洗手盆、洗脸盆、盥洗槽（至上边缘）	800	500
2	落地式污水盆（池）（至上边缘）	500	500
3	浴盆（至上边缘）	480	—
4	蹲、坐式大便器（从台阶面至高水箱底）	1 800	1 800
5	蹲式大便器（从台阶面至低水箱底）	900	900
6	架空式污水盆、洗涤盆（至上边缘）	800	800
7	坐式大便器（至低水箱底），外露排出管式虹吸喷射式	510 470 400 380	— 370
8	大便槽（从台阶面至冲洗水箱底）	≥2 000	

续表

序号	卫生器具名称	卫生器具边缘距地面高度（mm）	
		住宅和公共建筑	幼儿园
9	立式小便器（至受水部分上边缘）	100	—
10	挂式小便器（至受水部分上边缘）	650	450
11	小便槽（至台阶面）	200	150
12	化验盆（至上边缘）	800	
13	净身器（至上边缘）	360	
14	饮水器（至上边缘）	1 000	—

（2）排水横支管的布置

1）横支管不宜太长，应尽量少转弯，当条件受限时宜采用两个45°弯头或乙字弯，一根支管连接的卫生器具不宜太多。

2）器具排水管与横支管宜采用90°斜三通连接，横管与横管或横管与立管的连接宜采用90°斜三（四）通，也可以采用直角顺水三（四）通。

3）横支管不得布置在食堂、饮食业的主、副操作烹调设备的上方，也不得布置在遇水易燃烧、爆炸或损坏的原料、产品和设备的上面。

4）横支管不得穿过对生产工艺或卫生有特殊要求的生产厂房、贵重商品仓库、变电室。

5）横支管不宜穿过建筑的沉降缝、伸缩缝、风道和烟道等。

6）横支管距楼板和墙应有一定的距离，以便于安装和维修。

7）当横支管悬吊在楼板下，接有两个及两个以上大便器或3个及3个以上卫生器具时，横支管顶端应升至上层地面并设清扫口。

（3）排水立管的布置

1）立管应设在最脏、杂质最多及排水量最大的排水点处。

2）立管宜靠外墙，以减小埋地管的长度，且立管管子中心应与墙面有一定的距离，以便于清通和维修，排水立管管子中心与墙面的距离见表5—2。

表5—2　　　　排水立管管子中心与墙面的距离

立管直径（mm）	50	75	100	125	150	200
管子中心与墙面的距离（mm）	50	70	80	90	110	130

3）立管不得穿越卧室、病房等对卫生及安装要求较高的房间，并应避免靠近与卧室相邻的内墙。

4）当排水立管仅设伸顶通气管（无专用通气立管）时，最低排水横支管与立管连接处至排水立管管底的垂直距离不得小于表5—3的规定。

表5—3　　　最低排水横支管与立管连接处至
　　　　　　　排水立管管底的最小垂直距离

立管连接卫生器具的层数	垂直距离
≤4	0.45 m
5~6	0.75 m
7~19	1层
≥20	1层

5）立管应设检查口，其间距不大于10 m，底层和最高层必须设检查口。检查口中心至地面距离为1 m，并应高于该层溢流水位最低的卫生器具上边缘0.15 m。

6）立管穿越楼板时应设套管，对于现浇楼板应预留孔洞或镶入套管，其孔洞尺寸要求比管径大10~50 mm。

(4) 横干管及排出管的布置

1）所设置的排出管应保证污水、废水排出室外的距离最短，尽量避免在室内转弯。

2）建筑层数较多时，应按表5—3确定底部横管最小垂直距离。

3）埋地管不得布置在可能受重物压坏处或穿越生产设备的基础。

4）埋地管穿越承重墙或基础时应预留孔洞，其尺寸见表5—4，并且必须在管道外套上比其直径大200 mm的金属套管或设置钢筋混凝土过梁，管顶上部净空尺寸不得小于建筑物沉降量，一般不宜小于0.15 m。

表5—4　埋地管穿越承重墙或基础处预留孔洞的尺寸　　　　mm

管径D	50~75	≥100
洞口尺寸（高×宽）	300×300	(D+300)×(D+200)

5）管道穿越地下室外墙或地下构筑物的墙壁处时应采取防水措施。

6）埋地管应进行防腐处理。

7）湿陷性黄土地区的排出管应设在地沟内，并设检查井。

8）距离较大的直线管段上应设检查口或清扫口，污水横管的直线管段上检查口或清扫口之间的最大距离见表5—5。

表5—5　污水横管的直线管段上检查口或清扫口之间的最大距离

管道直径（mm）	清扫设备种类	距离（m）		
		生产废水	生活污水及与生活污水成分接近的生产污水	含有大量悬浮物和沉淀物的生产污水
50~75	检查口	15	12	10
	清扫口	10	8	6
100~150	检查口	20	15	12
	清扫口	15	10	8
200	检查口	25	20	15
	清扫口	25	20	15

9）排出管与室外排水管相连接时，其管顶标高不得低于室外排水管管顶标高，连接处的水流转角不小于90°，当跌落差大于0.3 m时可不受角度限制。

10）排出管与室外排水管连接处应设检查井，检查井中心到建筑物外墙的距离不宜小于3 m，且不大于10 m，室外检查井中心至污水立管或排出管上清扫口的距离不大于表5—6中的数值。

表5—6　室外检查井中心至污水立管或排出管上清扫口的最大距离

管径（mm）	50	75	100	>100
最大长度（m）	10	12	15	20

（5）通气系统的布置

1）生活污水管道和散发有毒、有害气体的生产污水管道应设伸顶通气管。伸顶通气管高出屋面的高度不小于0.3 m，且大于该地区最大积雪厚度，当屋顶为上人屋顶时，应不小于2 m，并应按要求设置防雷装置。

2）通气立管不得接纳污水、废水和雨水，通气管不得与通风管或烟道连接。

3）若通气管口周围4 m以内有门、窗时，其管口高度应超出窗顶0.6 m或引向无门、窗一侧，通气口不宜设在建筑物挑出部分（如屋檐檐口、阳台、雨篷等）的下面。

二、排水管道的敷设

室内排水管道的敷设方式有明装和暗装两种。明装是指管道沿墙、梁、柱直接敷设在室内，其优点是安装、维修、清通方便，工程造价低，但是不够美观，且因暴露在室内易集灰、结露而影响环境卫生。明装一般用于对环境要求不高的住宅、饭店、集体宿舍等建筑。暗装是指将管道敷设在管槽、管沟或管井中，这种方式美观，但工程造价较高。

模块三 室内排水管道的安装

一、安装的一般规定

1. 室内排水系统管材应符合设计要求，当设计无规定时应按下列规定选用：

(1) 生活污水管道应使用塑料管、铸铁管或混凝土管（由成组洗脸盆或饮用喷水器至共用水封之间的排水管和连接卫生器具的排水短管可使用钢管）。

(2) 雨水管道宜使用塑料管、铸铁管、镀锌和非镀锌钢管或混凝土管等。

(3) 悬吊式雨水管道应选用钢管、铸铁管或塑料管。易受振动的雨水管道应使用钢管。

2. 在生活污水管道上设置的检查口或清扫口应符合设计要求，当设计无规定时应符合下列规定：

(1) 在立管上应每隔一层设置一个检查口，但在最底层和有卫生器具的最高层必须设置检查口。如为两层建筑时，可仅在底层设置立管检查口；如有乙字形弯管时，则在该层乙字形弯管的上部设置检查口。检查口中心高度距操作地面一般为 1 m，并应高于该层卫生器具上边缘 150 mm；检查口的朝向应便于检修。对于暗装立管，在检查口处应安装检修门。

(2) 在连接两个及两个以上大便器或 3 个及 3 个以上卫生器具的污水横管上应设置清扫口。当污水管在楼板下悬吊敷设时，可将清扫口设在上一层楼地面上，污水管起点的清扫口与管道相垂直，与墙面的距离不得小于 200 mm；若污水管起点设置堵头代替清扫口时，与墙面的距离不得小于 400 mm。

(3) 在转角小于 135°的污水横管上应设置检查口或清扫口。

(4) 污水横管的直线管段应按设计要求的距离设置检查口

或清扫口。

3. 金属排水管道上的吊钩或卡箍应固定在承重结构上。固定件间距：横管不大于 2 m，立管不大于 3 m。楼层高度小于或等于 4 m 时，立管可安装一个固定件。立管底部的弯管处应设支墩或采取固定措施。

4. 塑料排水管道支架和吊架最大间距应符合表 5—7 的规定。

表 5—7　　　　塑料排水管道支架和吊架最大间距

管径（mm）	50	75	110	125	160
立管（m）	1.2	1.5	2.0	2.0	2.0
横管（m）	0.5	0.75	1.10	1.30	1.6

5. 金属和非金属的排水管道接口形式和所用填料应符合设计要求。

6. 排水通气管不得与风道或烟道连接，且应符合下列规定：

（1）通气管应至少高出屋面 300 mm，且必须大于最大积雪厚度。

（2）在通气管出口 4 m 以内有门、窗时，通气管应高出门、窗顶 600 mm 或引向无门、窗一侧。

（3）在经常有人停留的平屋顶上，通气管应高出屋面 2 m，并应根据防雷要求设置防雷装置。

（4）屋顶有隔热层的应从隔热层板面算起。

7. 安装未经消毒处理的医院含菌污水的排放管道，不得与其他排水管道直接连接。

8. 饮食业工艺设备引出的排水管及饮用水水箱的溢流管不得与污水管道直接连接，并应留出不小于 100 mm 的隔断空间。

9. 通向室外的排水管穿过墙壁或基础必须下返时，应用

45°三通和45°弯头连接,并应在垂直管段顶部设置清扫口。

10. 对于由室内通向室外排水检查井的排水管,井内引入管应高于排出管或两管顶相平,并有不小于90°的水流转角,如落差大于300 mm可不受角度限制。

11. 用于室内排水的水平管道与水平管道、水平管道与立管的连接,应采用45°三通或45°四通以及90°斜三通或90°斜四通。立管与排出管端部的连接应采用两个45°弯头或曲率半径不小于4倍管径的90°弯头。

12. 雨水管道不得与生活污水管道相连接。

13. 雨水斗的连接应固定在屋面承重墙上。连接管管径不得小于100 mm。

二、排水管道的安装工艺

室内排水管道的安装程序是:安装前的准备工作→排出管的安装→底层排水横管及器具支管的安装→排水立管的安装→通气管的安装→各层横支管的安装→器具短支管的安装等。

1. 安装前的准备工作

安装前应认真熟悉图样,参看土建结构图、装修建筑图、有关设备专业图,核对各管道的坐标高是否有交叉,管道排列所占的空间是否合理,有问题应及时与相关设计人员研究解决,办理变更洽商记录。

2. 排出管的安装

排出管是指室内底层排水横管上的立管三通至室外第一个检查井之间的管段。施工中往往需要与土建配合,在此管段安装及验收合格后,再进行土建底层施工。

(1)排出管穿过承重墙或基础时应预留孔洞,管顶上部净空不得小于建筑物沉降量,距离不小于0.15 m。

(2)排出管与立管的连接宜采用两个45°弯头或弯曲半径不小于4倍管径的90°弯头。也可采用带清通口的弯头接出。

(3)排出管应经量尺法及比量法下料,预制成整体管道后穿过基础预留洞,随后调整排出管的安装位置、标高、坡度,满足设计要求后再固定。

(4) 排出管穿过地下室外墙或地下构筑物的墙壁处应采用防水套管。

3. 底层排水横管及器具支管的安装

底层排水横管一般直埋敷设或以吊架、托架敷设于地下室顶棚下以及地沟内。

(1) 底层排水横管直接埋地敷设的,当房心土回填至管底标高时,以安装好的排出管斜三通上的45°弯头承口内侧为基准,将预制好的管段按照承口朝向来水方向,按顺序排列,找好位置、坡度和标高,以及各预留口的方向和中心线,将承插口相连接。

其接口材料根据设计要求选用,按照排水铸铁管填打灰口的操作步骤进行作业。

对敷设好的管道进行灌水试验,水满后观察水位应不下降,各接口及管子无渗漏,经有关人员检验,办理隐蔽工程验收手续。再将各预留管口临时封堵,配合土建填堵孔、洞和回填土。

(2) 托、吊管道安装

1) 安装在设备层内的排水铸铁管应根据设计要求制作托架和吊架。

2) 按设计坡度栽好吊卡,量准吊棍尺寸,对好立管预留口及首层卫生器具的排水预留管口,同时按室内地坪线、轴线尺寸接至规定高度。

3) 按图样检查已安装好的管路标高、预留口方向,确认无误后即可进行灌水试验,合格后办理隐蔽工程验收手续。

(3) 底层器具支管的安装。卫生器具的排出口与排水横支管连接的一段垂直短管叫做器具支管,所有器具支管均应实测下料长度。

1) 坐便器支管应采用不带承口的短管接至地面相平处,短管中心与后墙的距离为 400 mm。

2) 蹲便器的支管应采用承口短管接至高出地面 10 mm 处。采用瓷存水弯时，短管中心距后墙为 420 mm。

3) 洗脸盆、洗涤盆、化验盆等的支管应采用承口短管，做到与地相平，短管中心与后墙的距离为 80 mm。

4) 地漏安装后箅面应低于地面 20 mm，清扫口（地面式）表面应与地面平。

4. 排水立管的安装

(1) 根据施工图样校对预留管洞尺寸，如为预制混凝土楼板，应按设计位置凿洞；如需断筋，必须经有关人员同意，按规定处理。

(2) 安装立管时应两人上下配合，一人在上一层，由管洞投下一根绳头，下面的人将预制好的立管上半部拴牢，上拉下托将立管下部插口插入下层管承口内。

(3) 下层的人校正甩口及立管检查口方向，上层的人用木楔将立管在楼板洞口处卡牢、吊直后，打麻捻灰口。复查立管垂直度，固定牢固。

(4) 立管安装合格后，配合土建用不低于楼板强度的混凝土将洞灌满、捣实。如系高层建筑或管道井内，按设计要求用型钢做固定支架。

模块四　卫生器具的安装

一、安装程序

卫生器具安装的一般程序是：准备工作→卫生器具及配件的检验→卫生器具的安装→卫生器具及配件的预装→卫生器具与墙、地缝隙的处理→卫生器具外观检查→满水、通水试验等。

二、安装条件

1. 所有与卫生器具连接的管道经试压、闭水试验合格，并已隐检合格。
2. 卫生器具、配件已检查，配件齐全，部分卫生器具可先进行预装，然后再安装。
3. 浴盆要等土建做完防水层以后再安装。
4. 其余卫生器具应等室内装修基本完成后再安装。

三、安装基本要求

1. 位置正确

卫生器具的安装位置主要指平面和立面（安装高度）的位置，其高度、位置主要考虑使用方便、舒适、易检修等因素。特别应注意卫生器具排水支管中心位置的准确性，否则将会影响卫生器具的安装质量。

2. 安装的稳固性

卫生器具的稳固与否相当程度上取决于器具的底座、支架的安装是否稳固，因此，应特别注意支撑器具的底座、支架、支腿安装的稳固程度。

3. 安装的严密性

卫生器具既是给水系统的终端，又是排水系统的始端。给水管上的配件、排水器具下的水孔、排水栓等应压紧橡胶垫或填塞好油灰，以防止渗水。

4. 安装的可拆卸性

卫生器具在使用过程中存在损坏或更换的可能性，所以安装时就应考虑卫生器具的可拆卸性。具体措施：在给水支管与卫生器具相连处加活接头或长螺纹管箍。在排水短管、存水弯的连接中采用可拆卸的螺母连接等。

5. 安装的美观性

卫生器具是室内的一种固定陈设，在发挥使用价值的同时，应安装平直、端正，以达到美观的效果。

四、卫生器具的安装

1. 蹲式大便器（蹲便器）的安装

（1）蹲便器稳装。高水箱蹲便器的安装图如图 5—2 所示，蹲便器稳装的具体步骤如下：

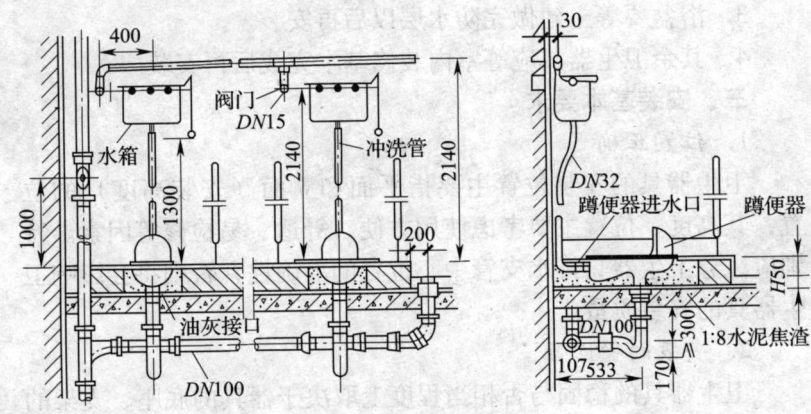

图 5—2　高水箱蹲便器的安装图

1）首先将胶皮碗套在蹲便器进水口上，要套正、套实，并用成品喉箍紧固。

2）将预留排水管口周围清扫干净，将临时管堵取下，确保管内无杂物。

要使排水管和蹲便器的定位准确，应弹好线，定出冲洗水箱、冲洗水管的中心线。

在蹲便器的出水口上缠油麻、抹油灰，并在排水短管的承口内抹上油灰，将蹲便器出水口插入排水短管承口内稳定好，同时用水平尺放在蹲便器上沿，纵、横双向找平、找正，使蹲便器进水口对准墙上的中心线。同时蹲便器两侧用砖砌好、抹光，将蹲便器排水口与排水管承口接触处的油灰压实、抹光。

稳装多联蹲便器时，应先检查排水管口标高、甩口距墙尺寸是否一致。找出标准地面标高，向上测量好蹲便器需要的高度，用小线找平，找好与墙面之间的距离，然后按上述方法逐个稳装。

（2）高水箱稳装。先将水箱内的配件组装好，检查蹲便器的中心与墙面上安装中心线是否一致，如有错位应及时调整。确定水箱出水口中心位置，同时结合高水箱固定孔与给水孔的距离找出固定螺栓高度位置，在墙上画出十字线，剔出孔洞，将燕尾螺栓插入洞内，并用水泥捻牢。将装好配件的高水箱挂在固定螺栓上。加胶垫、眼圈，带好螺母并拧紧。

连接时，上部进水口和下部出水口的连接处均应衬橡胶垫。

多联高水箱应按上述做法先稳装两端水箱，找平、找直，再稳装中间水箱。

（3）高水箱冲洗管的连接。蹲便器和冲洗水箱之间的冲洗管可用铜管、塑料管或钢管制作，所用管径：蹲便器高水箱为 32 mm，低水箱为 50 mm。冲洗管上端缠石棉绳或橡胶圈，插入水箱底部的出水口内，用锁母拧紧，下端插入胶皮碗的小头内，胶皮碗的大头套入蹲便器的进水管上，用铜丝绑牢。

当给水支管明装时，可用阀门及活接头与水箱入水口浮球阀连接；当给水支管暗装时，采用角阀、铜管，用锁母连接，在锁母压紧处缠上石棉绳防漏。

2. 坐式大便器（坐便器）的安装

坐便器自身带有水封，按排出管形式不同，分为虹吸式、外露斜排出管式、外露直排出管式三种。坐便器通常配低水箱或专用冲洗阀，其安装图如图 5—3 所示。

下面简述坐便器的安装过程：

（1）将坐便器预留排水管口的周围清理干净，取下临时管堵，检查管内有无杂物。

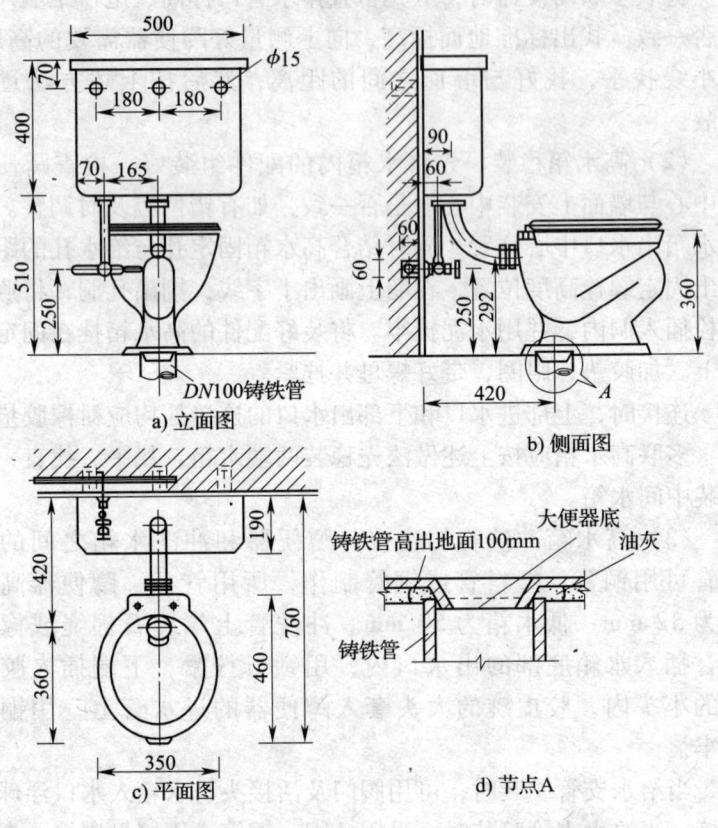

图 5—3 坐便器的安装图

(2) 将坐便器出水口对准预留排水口放平、找正，确定出底座紧固用的螺栓孔的位置，画出十字线。

(3) 在十字线中心处剔出四个孔洞。把 $\phi 10$ mm 的螺栓插入孔洞内用水泥砂浆栽牢，待水泥砂浆有一定强度后，将坐便器稳定，使固定螺栓与坐便器吻合，移开坐便器。在坐便器排水口及排水管口周围抹上油灰，随后将坐便器对准螺栓放平、找正，然后在螺栓上套好胶垫、垫圈，再将螺母拧紧。

(4)对准坐便器安装中心线,在后墙面上画出安装水箱的垂直中心线,在距地面 800 mm 高度处标出水箱挂装孔洞的水平中心线,根据水箱背面孔眼的距离,在水平线上画出十字线,在十字线中心剔出孔洞,将螺栓用水泥砂浆栽牢。再将低水箱挂在螺栓上放平、找正,上好螺母且确保松紧适度。

(5)连接冲洗管,接通水箱给水管。

(6)试水检漏,合格后便可安装坐便器的坐圈和上盖。

3. 小便器的安装

常用的小便器有挂斗式和立式两种,如图 5—4 所示为挂斗式小便器的安装图,图 5—5 所示为立式小便器的安装图。

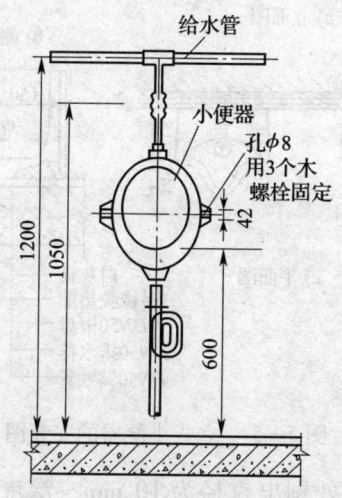

图 5—4 挂斗式小便器的安装图

(1)挂斗式小便器的安装步骤

1)首先对准给水管中心画一条垂线,由地面向上量出规定的高度,画一条水平线,将小便斗靠墙对正安装中心线,定出安装孔位置并画出十字线。

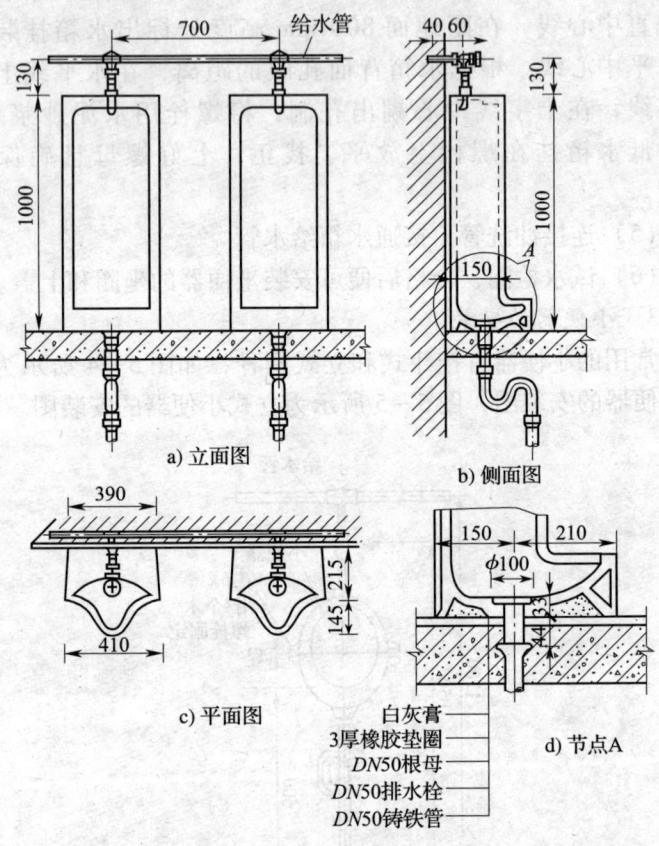

图 5—5 立式小便器的安装图

2）在十字线处剔出直径为 10 mm、深度为 60 mm 的孔洞，插入 $\phi6$ mm 的螺栓并用水泥砂浆栽牢。托起小便器挂在螺栓上，安上胶垫、眼圈，适度拧紧螺母。将小便器与墙面的缝隙填入白水泥浆补平、抹光。

3）连接给水管，若管道明装，采用截止阀，镀锌短管与小便器进水口连接；若管道暗装，采用铜角式阀门，铜管和小便器进水口用锁母与压盖连接。

4）连接排水存水弯，存水弯上端不是螺纹连接时，可在上口抹上油灰，套入小便器排水口，下端缠绕石棉绳、抹油灰，与排水短管相插连接。

(2) 立式小便器的安装步骤

1）安装前检查给水、排水预留管口是否在同一条垂线上，符合要求后按照管口找出中心线。将排水支管周围清理干净，取下临时管堵，抹上油灰，在立式小便器下铺垫混合砂浆，将立式小便器稳装，找平、找正。再在小便器与墙面、地面缝隙填入白水泥浆后抹平、抹光。

2）将八字水门丝扣缠麻丝、抹铅油，带入给水管口，用扳手拧紧。八字水门出口对准鸭嘴锁口，断好铜管，套上锁母及扣碗，分别插入鸭嘴和八字水门出口内。缠油盘根绳，拧紧锁母至松紧适度，然后将扣碗加油灰按平。

4. 洗脸盆的安装

洗脸盆类型较多，有方形、立柱式、台式及角式等。因造型不同，其安装方法各异。如方形洗脸盆用墙架固定在墙上，立柱式洗脸盆则是靠自身的柱腿稳固地立于地面上，台式洗脸盆则稳装在预制好的台面洞口内。

如图5—6所示为洗脸盆的安装图。

(1) 洗脸盆零件的安装

1）安装洗脸盆排水口。将排水口根母、眼圈卸下，垫好油灰后插入洗脸盆排水口孔内，排水口中的溢流水口对准溢水孔。垫好油灰、胶垫、眼圈，带上根母，用扳手上好根母。

2）安装洗脸盆水嘴。先将根母、锁母卸下，在水嘴根部垫好油灰，插入洗脸盆给水孔眼，套上胶垫、眼圈，上紧根母，确保松紧适度。

(2) 洗脸盆的稳装

1）支架的安装。按照排水管口中心在墙上画出垂直线，由

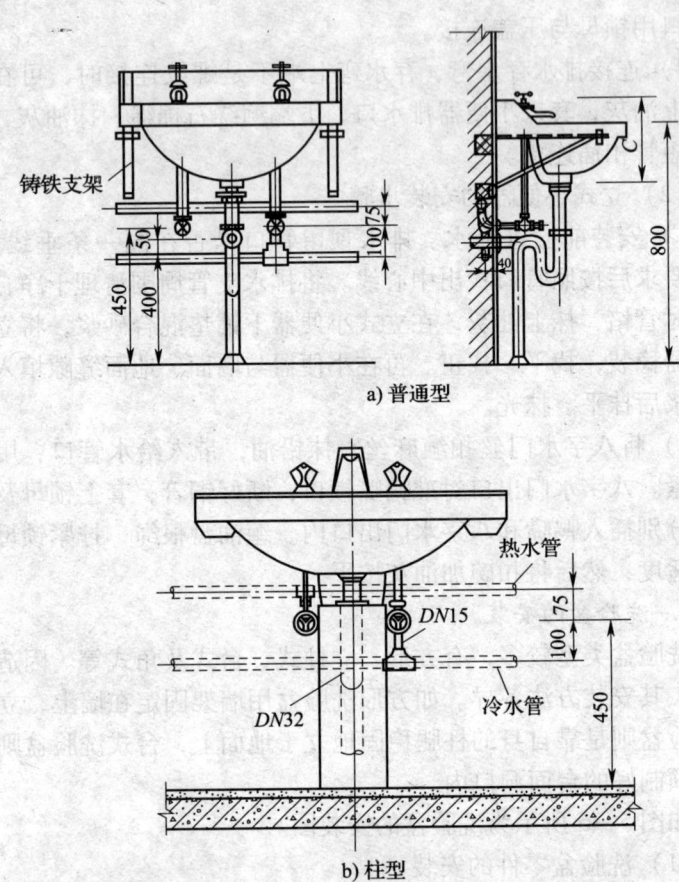

图 5—6 洗脸盆的安装图

地面向上量出规定的高度,画出水平线,根据盆宽在水平线上画出支架位置十字线。剔出孔洞,装洗脸盆支架,找平、找正、栽牢。再将洗脸盆放在支架上找平、找正。

2）铸铁架的安装。按上述方法找出十字线,剔出孔洞,用螺栓将盆架固定在墙上。拧紧盆架的固定螺栓,找平、找正。

（3）洗脸盆排水管的连接

1）S形存水弯的连接。在洗脸盆排水口丝扣下端涂铅油，缠少许麻丝。将存水弯上节拧在洗脸盆排水口上，下节的下端缠油盘根绳并插在排水管口内。将胶垫放在存水弯的连接处，用锁母上紧后调直、找正。用油灰将排水管口塞严、抹平。

2）P形存水弯的连接。将存水弯立节拧在排水口上，再配好存水弯所需长度的横节。将锁母和护口盘背靠背套在横节上，在端头缠好油盘根绳，把胶垫放在锁口内，将锁母拧紧，确保松紧适度。

（4）洗脸盆给水管的连接。配好短管，装上八字水门，再将短管另一端丝扣处涂铅油、缠麻丝，拧在预留给水支管的管口上，并将外露麻丝清理干净。

5．浴盆的安装

浴盆按安装形式不同可分为铸铁盆脚支撑和砖砌支撑，其安装图如图5—7所示。

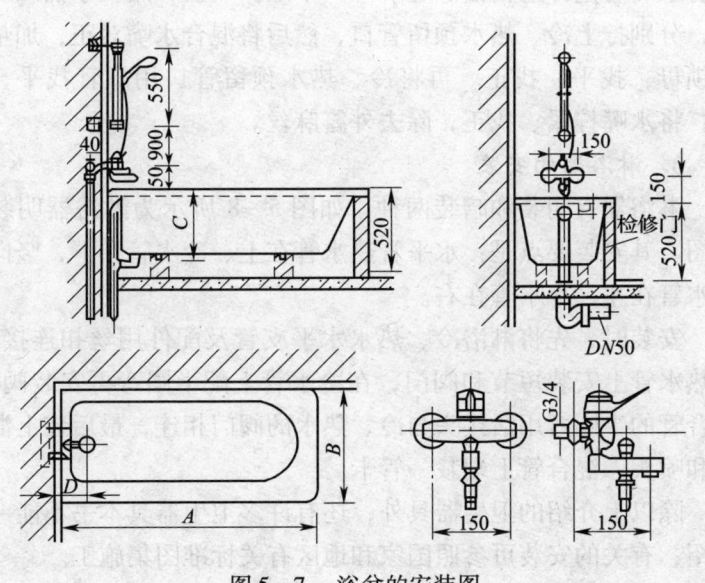

图5—7　浴盆的安装图

其安装步骤如下：

(1) 浴盆稳装。将带腿的浴盆稳固，找正、找平。如采用砖腿时，与土建配合把砖腿砌好，将浴盆稳于砖台上，找平、找正，浴盆与砖腿缝隙用水泥砂浆填充。

(2) 浴盆排水管的安装。先将排水三通套在排水横支管上，缠好油盘根绳，插入三通中口，拧紧锁母。三通下口装好短管，插入排水预留管口内。在排水口圆盘下加胶垫、油灰，插入浴盆排水孔眼，外面再套胶垫、眼圈，丝扣处涂铅油、缠麻丝，用扳手上入弯头内。

将溢水立管下端套上锁母，缠油盘根绳，插入三通上口，对准浴盆溢水孔，带上锁母。溢水管弯头加胶垫、油灰，将浴盆堵穿过溢水孔花盘，上入弯头，无松动即可。

(3) 混合水嘴的安装。先将冷、热水管口找正、找平，把混合水嘴对丝抹上铅油、缠麻丝，带上护口盘，用扳手插入对丝内，分别拧上冷、热水预留管口，然后将混合水嘴对正，加垫拧紧锁母，找平、找正。再将冷、热水预留管口用短管找平、找正，将水嘴拧紧、找正，除去外露麻丝。

6. 淋浴器的安装

淋浴器有明装和暗装两种，如图5—8所示为淋浴器明装安装图。其安装要点是：水平管热水管在上、冷水管在下，竖向管热水管在左、冷水管在右。

安装时，先将淋浴冷、热水水平支管及配件用丝扣连接好，在热水管上安装短节和阀门，在冷水管上配半圆弯再安装阀门，混合管的半圆弯用活接头与冷、热水的阀门相连，最后装上混合管和喷头，混合管上端栽一管卡。

除以上介绍的卫生器具外，还有许多卫生器具本书不能一一介绍，有关的安装可参照国家和地区有关标准图集施工。

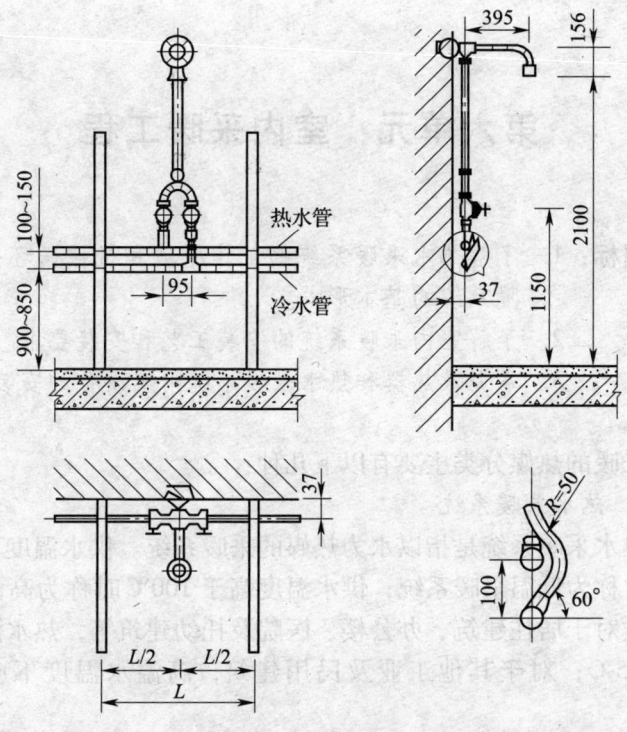

图 5—8　淋浴器明装安装图

第六单元　室内采暖工程

培训目标： 1. 了解热水采暖系统的工作原理和机械循环热水采暖系统的基本形式。
2. 了解室内采暖系统的安装工艺和安装要求。
3. 掌握散热器和热水采暖系统附属设备的安装方法。

采暖的热媒分类主要有以下几种：
1. 热水采暖系统

热水采暖系统是指以水为热媒的采暖系统。供水温度不高于95℃时称为低温采暖系统；供水温度高于100℃时称为高温采暖系统。对于居住建筑、办公楼、医院及托幼建筑等，热水温度宜采用95℃；对于其他工业及民用建筑，高温水温度不应超过130℃。

2. 蒸汽采暖系统

蒸汽采暖系统是指以蒸汽为热媒的采暖系统。根据蒸汽压力的不同，可分为高压蒸汽采暖系统（压力大于70 kPa）、低压蒸汽采暖系统（压力小于70 kPa）和真空蒸汽采暖系统（压力小于大气压力）。

3. 热风采暖系统

热风采暖系统是指以空气为热媒的采暖系统。根据送风加热装置安装的位置不同，分为集中送风系统和暖风机系统。

4. 辐射采暖系统

辐射采暖系统是指以辐射为主要传热方式的一种采暖系统，其媒介主要有燃气、电和蒸汽等。

近年来，随着高级民用建筑和星级饭店的增多，热水供应系统也有很大的发展，呈现出系统图多样化的局面，管材方面也由过去单一的镀锌钢管发展到使用内衬聚乙烯钢管和复合管，散热设备由过去铸铁散热器发展到多种双金属复合散热器以及辐射供暖等形式，但主要的室内采暖形式还是以热水采暖和蒸汽采暖为主，因此本单元将着重讲述这两种采暖系统。

模块一　室内采暖系统

一、热水采暖系统

在热水采暖系统中，按循环动力划分可分为自然循环热水系统和机械循环热水系统。自然循环热水系统靠系统供水、回水温度的不同而产生密度差引起的驱动力进行循环，机械循环热水系统则是靠水泵的机械作用进行强迫循环。

1. 热水采暖系统的工作原理

（1）自然循环热水采暖系统的工作原理。如图 6—1 所示为自然循环热水采暖系统工作原理图。图中只设有热源和散热器，由供水、回水管路连接成一个系统，在系统最高处连接一个开口的膨胀水箱，用来容纳膨胀水并排除系统中的空气。

如图 6—1 所示，当系统中充满水，锅炉加热时，锅炉中的水温度上升，密度变小。当热水经过散热器后，温度下降，密度增大。散热器一侧密度大的回水驱动被锅炉加热后密度小的供水，产生了推动力，使锅炉中的水流向散热器，散热后的水流回锅炉房再被加热，使水在系统中往复循环流动，从而源源不断地把热量通过散热器传给室内的空气，使室内保持一定的温度。

由于这种系统设备安装非常简单，维护和管理又很方便，没有噪声，不耗电，所以特别适用于面积不大的小住宅、小商店等

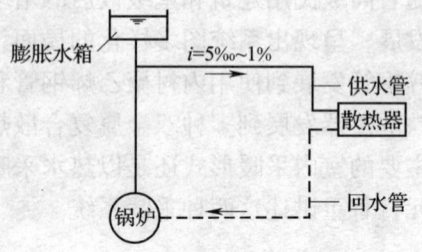

图 6—1　自然循环热水采暖系统工作原理图

民用建筑，一般作用半径不超过 50 m。

（2）机械循环热水采暖系统的工作原理。如图 6—2 所示为机械循环热水采暖系统工作原理图。系统通过水泵的驱动使水在系统中循环流动，水在锅炉中吸热，由散热器放热，达到采暖的目的。

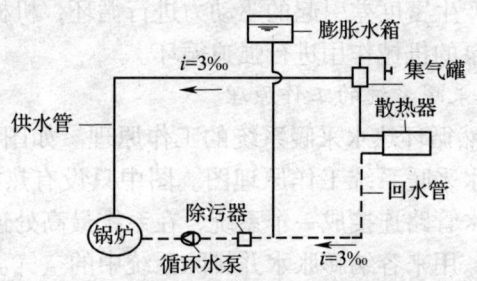

图 6—2　机械循环热水采暖系统工作原理图

机械循环热水采暖系统的水泵应设置在回水干管靠近锅炉进水口处。供水水平干管应有坡度和坡向，并在管道末端设集气罐进行排气。

机械循环热水采暖系统具有服务半径大、管径小、锅炉房标高不受限制等优点，因此在大型采暖系统中得到广泛应用。

2. 机械循环热水采暖系统的基本形式

对于热水采暖的系统管路，可根据建筑物的具体要求，按照经济、适用和运行安全可靠的原则进行布置。按供水、回水立管是分设还是合设，分为双管系统和单管系统。按供水干管的安装位置不同，分为上分式和下分式。按供水干管环路流程不同，分为同程式和异程式。

下面重点介绍几种机械循环热水采暖系统的常用形式。

（1）双管系统。双管系统各层散热器并联在立管上，每组散热器可单独调节。但由于自然循环作用压力的影响，很容易造成上热下冷的垂直失调。

1）双管上供下回式系统。如图6—3所示为双管上供下回式系统，适用于六层以下的民用建筑。其优点是便于调节和检修，但是所用管材较长，易形成上热下冷的状况。

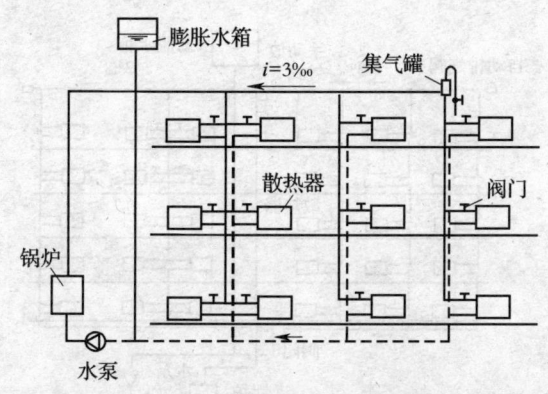

图6—3 双管上供下回式系统

2）双管下供下回式系统。如图6—4所示为双管下供下回式系统，适用于四层以下的民用建筑，其水平干管多设在室内管沟中。为了便于排气，顶层内的每组散热器均应设置手动放气阀，或者如图6—4所示设专用自动排气阀进行排气。

（2）垂直单管系统

1）单管顺流式。如图6—5所示为上供下回单管顺流式系统，在单管顺流式系统中各层散热器串联于立管上，热水按顺序逐次进入各层散热器。该系统构造简单，节省管材，安装方便，

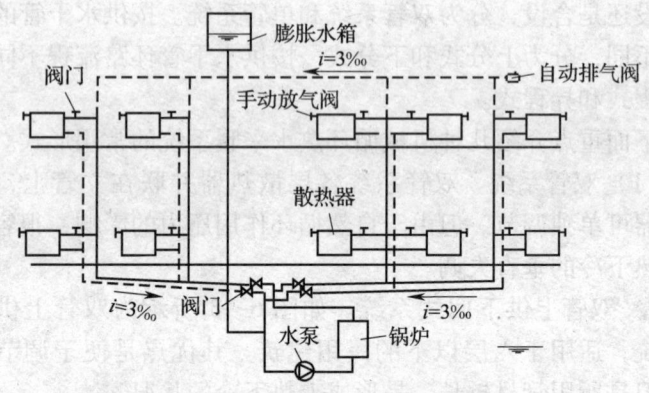

图6—4 双管下供下回式系统

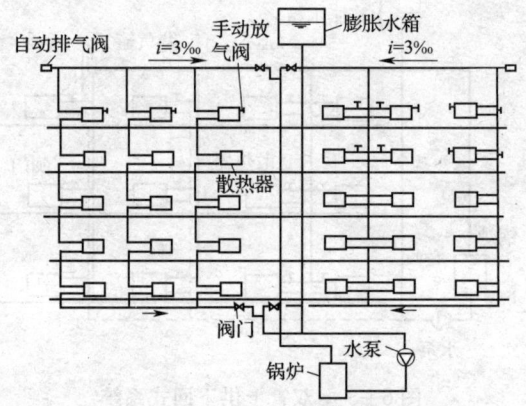

图6—5 上供下回单管顺流式系统

造价较低。但其弊端是各组散热器不能单独调节。

2）单管跨越式。单管跨越式是指在单管顺流式系统中加装跨越管。散热器独立调节能力同样不佳，对住户室内的散热器数量有限制，否则末端散热器效率低。

3）垂直单管可调跨越式。如图6—6所示为垂直单管可调跨越式系统，该系统在散热器支管上安装三通温控阀，每组散热器可单独调节，基本上解决了垂直热力失调现象。

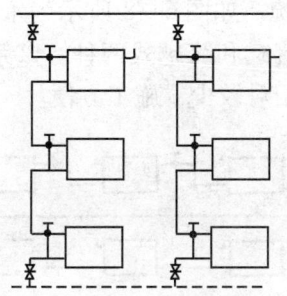

图6—6 垂直单管可调跨越式系统

（3）单、双管式系统。如图6—7所示，该系统每根立管散热器分为若干组，每组包括2~3层，散热器按双管形式连接，各组之间则按单管式连接，故称为单、双管式系统。该系统兼顾了单管系统和双管系统的部分优点，垂直失调现象得以缓解，而且散热器可以单独调节。该系统在高层建筑供暖设计中应用较多，效果较好。

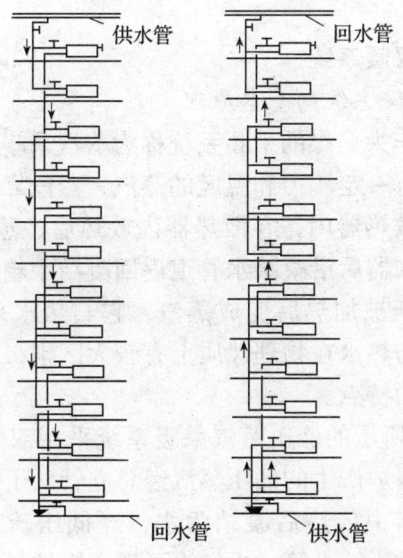

图6—7 单、双管式系统

(4) 水平式系统。如图6—8所示为水平单管式系统。水平单管式系统分为顺流式和跨越式两种。该系统造价低，省管材，穿越楼板的管道也相对较少，施工方便。

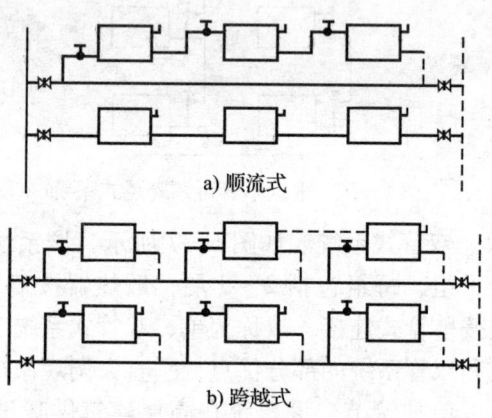

图6—8　水平单管式系统

二、蒸汽采暖系统

1. 蒸汽采暖系统的基本原理

以水蒸气作为热媒的采暖系统称为蒸汽采暖系统。水在锅炉中被加热成具有一定压力和温度的蒸汽，蒸汽靠自身压力的作用通过管道流入散热器内，在散热器内放热后，蒸汽变成凝结水，凝结水经过疏水器后沿凝结水管道返回凝结水箱内，再由凝结水泵送入锅炉重新被加热后变成蒸汽。它与热水采暖有许多共同点。又因蒸汽与热水在物理性质上有较大区别，所以蒸汽采暖系统又有其独自的特点。

如图6—9所示的低压蒸汽采暖系统采用双管上分式。其工作过程是：由锅炉产生的低压蒸汽经总立管、干管、支管进入散热器，在散热器中放热后凝结为水，经低压疏水器（回水盒）和管路流入开式凝结水箱，再经水泵送入锅炉。

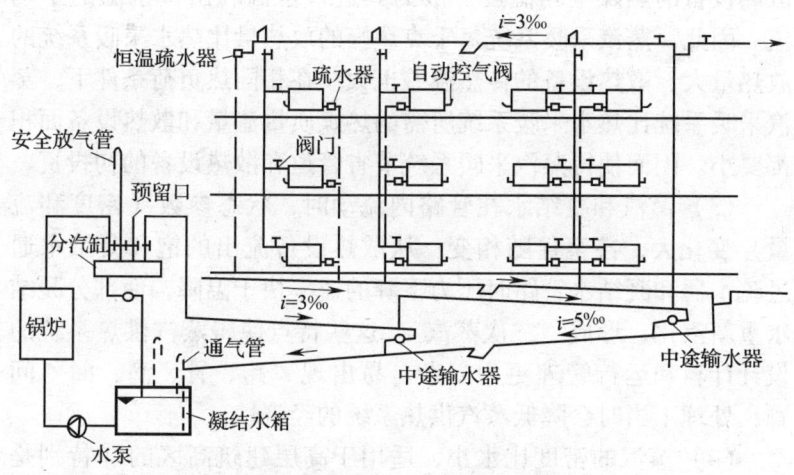

图 6—9　低压蒸汽采暖系统

蒸汽采暖系统凝结水的回收方式应根据二次蒸汽利用的可能性及室外地形、管道敷设方式等决定，可采用闭式满管回水、开式水箱自流或机械回水、余压回水等回水方式。在蒸汽采暖系统中，蒸汽在散热设备内定压凝结成同温度的凝结水，发生了相态的变化。通常认为进入散热设备的蒸汽是饱和蒸汽，流出散热设备的凝结水温度为凝结压力下的饱和温度，进汽的过热度和凝结水的过冷度均很小，可忽略不计。因此，可认为在散热器内蒸汽凝结放出的热量等于蒸汽的汽化潜热。

2. 蒸汽作为热媒的特点

与热水相比，蒸汽作为热媒有以下特点：

（1）用蒸汽作为热媒，可同时满足对压力和温度有不同要求的多种用户的用热要求。既可满足室内采暖的需要，又可作为其他热用户的热媒。

（2）蒸汽在散热设备内定压放出汽化潜热，热媒平均温度为相应压力下的饱和温度。热水在散热设备内靠温降放出显热，散热设备的热媒平均温度一般为其进口水温和出口水温的平均值。因此，蒸汽采暖系统每千克热媒的放热量比热水采暖系统的放热量大，散热设备的传热温差也大。在相同热负荷条件下，蒸汽采暖系统比热水采暖系统所需的热媒质量流量和散热设备面积都要小。因而使得蒸汽采暖系统节省管道和散热设备的初投资。

（3）蒸汽和凝结水在管路内流动时，状态参数（密度和流量）变化大，甚至伴随相变。从散热设备流出的饱和凝结水通过疏水器和凝结水管路时压力下降的速率快于温降，使部分凝结水重新汽化，形成"二次蒸汽"。这些特点使得蒸汽供热系统的设计计算和运行管理更为复杂，易出现"跑、冒、滴、漏"问题，处理不当时会降低蒸汽供热系统的经济性。

（4）蒸汽的密度比水小，适用于高层建筑高区的（特别是高度大于 160 m 的特高层建筑）采暖热媒，不会使建筑物底部的散热器超压。

（5）蒸汽热惰性小，供汽时热得快，停汽时冷得也快。

（6）蒸汽流动的动力来自于自身压力。蒸汽压力与温度有关，而且压力变化时温度变化不大，所以蒸汽采暖不能采用改变热媒温度的质调节，只能采用间歇调节。因此，使得蒸汽采暖系统用户室内温度波动大，间歇工作时有噪声，易产生水击现象。

（7）用蒸汽作为热媒时，散热器和管道的表面温度高于 100℃。以水为热媒时，大部分时间散热器表面平均温度低于 80℃。用蒸汽作为热媒时散热器表面的有机灰尘将会影响室内空气质量。同时易烫伤人，无效热损失大。

（8）由于蒸汽管道系统间歇工作，蒸汽管内时而流动蒸汽，时而充斥空气；凝结水管时而充满水，时而进入空气。管道（特别是凝结水管）易受到氧化腐蚀，使用寿命短。

由于上述特点，蒸汽作为热媒的采暖系统目前一般用于工业建筑及其辅助建筑，也可用于采暖期比较短以及有工业用汽的厂区办公楼。

3. 蒸汽采暖系统的类型

(1) 根据蒸汽压力不同可分为高压蒸汽采暖系统（表压大于 0.07 MPa）、低压蒸汽采暖系统（表压小于等于 0.07 MPa）和真空蒸汽采暖系统（绝对压力小于 0.1 MPa）。根据供汽汽源的压力、对散热器表面最高温度的限度和用热设备的承压能力来选择高压或低压蒸汽采暖系统。工业建筑及其辅助建筑可用高压蒸汽采暖系统。真空蒸汽采暖系统因需要抽真空设备，同时运行管理复杂，国内外用得都很少。

(2) 根据立管的数量不同可分为单管蒸汽采暖系统和双管蒸汽采暖系统。单管系统易产生水击和汽、水冲击噪声，所以多采用垂直双管系统。

(3) 根据蒸汽干管的位置不同可分为上供下回式、中供式和下供下回式，其蒸汽干管分别位于各层散热器上部、中部和下部。为了保证蒸汽、凝结水同向流动，防止水击和噪声，上供下回式系统用得较多。

(4) 根据凝结水回收动力不同可分为重力回水和机械回水。

(5) 根据凝结水系统是否通大气可分为开式系统（通大气）和闭式系统（不通大气）。

(6) 根据凝结水充满管道断面的程度可分为干式回水和湿式回水。

三、分户热计量采暖系统

为了便于分户按实际耗热量计费、节约能源和满足用户对采暖系统多方面的功能要求，分户热计量采暖系统应运而生。同时对建筑结构和采暖设计也提出了新的要求。分户热计量系统应便于分户管理及分户分室控制、调节供热量。分户热计量采暖系统的共同点是在每一户管路的起止点安装关断阀，并在起止点间的一处安装调节阀，在有条件时应安装流量计或热表。流量计或热表装在用户出口管道上时，水温低，有利于延长其使用寿命，但失水率将增加。因此，不少热表装在用户入口。每户的关断阀及向各楼层和各住户供给热媒的供、回水立管（总立管）及热计量装置设在公共的楼梯间竖井内，竖井有检查门，便于供热管理部门在住户外启闭各户水平支路上的阀门、调节住户的热水流量、抄表和计量供热量。为了防止铸铁散热器铸造型砂以及其他污物积聚、堵塞热表和温控阀等部件，分户式采暖系统宜用不残留型砂的铸铁散热器或其他材质的散热器，系统投入运行前应进行冲洗，此外用户入口还应装过滤器。

分户热计量采暖系统与以往采用的水平式系统的主要区别在于：水平支路长度限于一个住户之内；能够分户计量和调节供热量；可分室改变供热量，以满足不同的室温要求。分户热计量采暖系统的主要形式有分户水平单管系统，分户水平双管系统，分户水平单、双管系统以及分户水平放射式系统。

1. 分户水平单管系统

分户热计量水平单管系统如图6—10所示。与以往采用的水平式系统的主要区别在于以下几点：

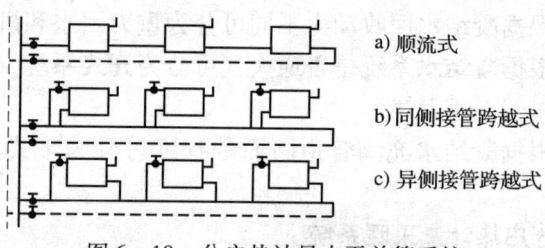

图6—10 分户热计量水平单管系统

（1）水平支路长度限于一个住户之内。
（2）能够分户计量和调节供热量。
（3）可分室改变供热量，以满足不同的室温要求。

分户水平单管系统可采用水平顺流式（见图6—10a）、散热器同侧接管跨越式（见图6—10b）和异侧接管跨越式（见图6—10c）。其中图6—10a在水平支路上设关闭阀、调节阀和热表，可实现分户调节和计量热量，但不能分室改变供热量，只能在对分户水平式系统的供热性能和质量要求不高的情况下应用。图6—10b和图6—10c的形式除了可在水平支路上安装关闭阀、调节阀和热表之外,还可在各散热器支管上装调节阀(温控阀),以实现分房间控制和调节供热量。因此,在上述三种系统中,图6—10b和图6—10c的性能优于图6—10a。

水平单管系统比水平双管系统布置管道方便,节省管材,水力稳定性好。但在调节流量措施不完善时容易产生竖向失调,设计时对重力作用压头的计算应给予充分的重视,以减轻对竖向失调的影响。还应解决好排气问题,如果户型较小,又采用 $DN15$ mm的管子时,水平管中的流速有可能小于气泡的浮升速度,可通过调整管道坡度,采用气、水逆向流动,利用散热器聚气、排气等措施,以防止形成气塞。

2. 分户水平双管系统

分户水平双管系统如图6—11所示。该系统一个住户内的各散热器并联,在每组散热器上装调节阀或恒温阀,以便分室进行控制和调节。水平供水管和回水管可采用如图6—11所示的多种方案布置,如两管分别位于每层散热器的上、下方(见图6—11a);两管全部位于每层散热器的上方(见图6—11b);两管全部位于每层散热器的下方(见图6—11c)。该系统的水力稳定性不如单管系统,耗费管材。如图6—12所示的分户水平单、双管系统兼有上述分户水平单管系统和双管系统的优缺点,可用于面积较大的户型以及跃层式建筑。

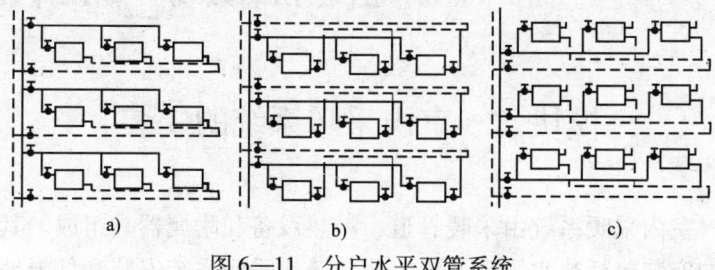

图6—11 分户水平双管系统

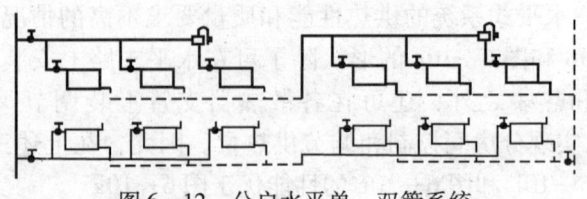

图6—12 分户水平单、双管系统

3. 分户水平放射式系统

分户水平放射式采暖系统在每户的供热管道入口设小型分水器和集水器，各散热器并联，如图6—13所示。从分水器引出的散热器支管呈辐射状埋地敷设（因此又称为"章鱼式"）至各个散热器。散热量可单体调节。支管采用铝塑复合管等管材，要增加楼板的厚度和造价。为了计量各用户供热量，入户管装有热表。为了调节各室用热量，通往各散热器的支管上应装有调节阀。

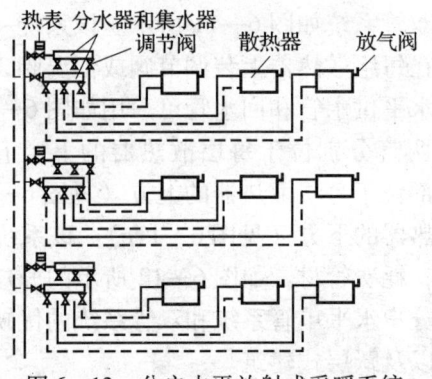

图6—13 分户水平放射式采暖系统

模块二　室内采暖系统的安装

室内采暖系统由采暖管道、散热设备和附属器具组成。其系统的安装包括热水采暖系统安装、蒸汽采暖系统安装和低温地板辐射采暖系统安装。它是室内管道安装工程的一部分，在民用建筑中经常与给、排水管道和燃气管道一同安装；在工业建筑中经常要与各种工艺管道和动力管道等一同安装。

一、采暖管道的安装工艺

室内采暖管道常用的管材是钢管和铝塑复合管。其连接方法是：钢管，管径小于或等于 32 mm 时，宜采用螺纹连接；管径大于 32 mm 时，宜采用焊接。铝塑复合管则采用专用管接头进行连接。

1. 采暖管道的分类

室内采暖管道的组成根据其管径大小、所处位置和作用不同，分为以下几种：

（1）主立管。从引入口连接水平干管的竖直管段。
（2）水平干管。连接主立管和各立管的水平管段。
（3）立管。连接水平干管和各楼层散热器支管的竖直管段。
（4）散热器支管。连接立管和散热器的水平管段。

为了改变管道方向、分支以及进行系统控制和调节，采暖管道上要装设各种管子配件（如三通、弯头、管箍等）和阀门。由此可见，室内采暖管道是由主立管、水平干管、立管、支管和管子配件、阀门等组成的。

2. 采暖管道的安装

安装工艺程序是：安装准备工作→预制加工→支架的安装→水平干管的安装→散热器的安装→立管的安装→支管的连接→试压→冲洗→防腐与保温→调试等。

（1）安装准备工作。根据设计图样及技术交底，配合土建施工进度，预留槽洞及安装预埋件。有条件的可按测绘的草图进行预制加工等。

（2）管道的安装。室内采暖管道的安装分为明装和暗装两种。所用管材和安装方法与室内给水管道基本相同。采暖管道输送的介质为带热体，因此应遵照国家标准《建筑给水排水及采暖工程施工质量验收规范》（GB 50242—2002）的要求进行安装。

安装注意事项如下：

1）室内采暖系统的热力入口应按设计图样或指定标准图进行安装。如图6—14所示为一热水采暖系统热力入口图。

2）主立管与分支干管的连接形式如图6—15所示。

3）干管与立管的连接形式如图6—16所示。

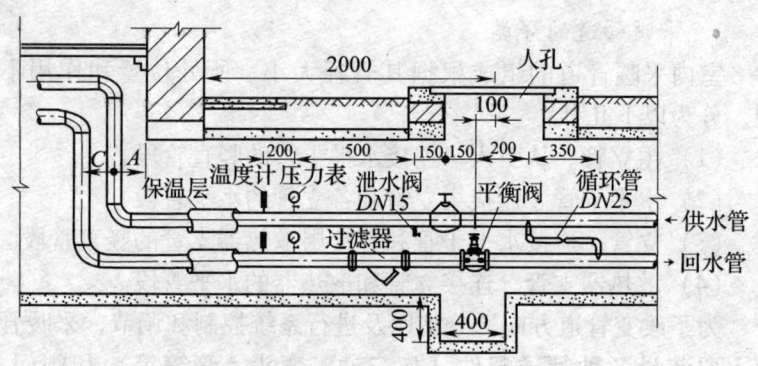

图6—14　热水采暖系统热力入口图

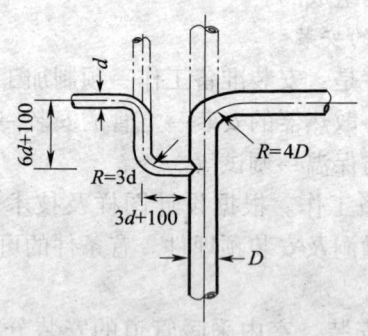

图6—15　主立管与分支干管的连接形式

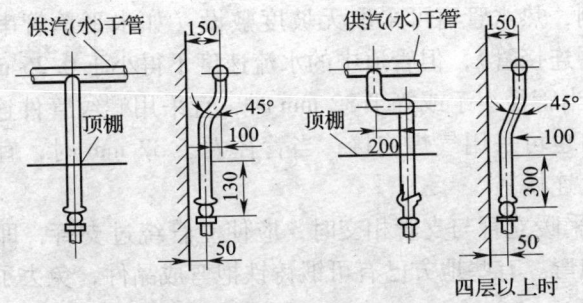

图6—16 干管与立管的连接形式

4）地沟内干管与立管的连接形式如图6—17所示。

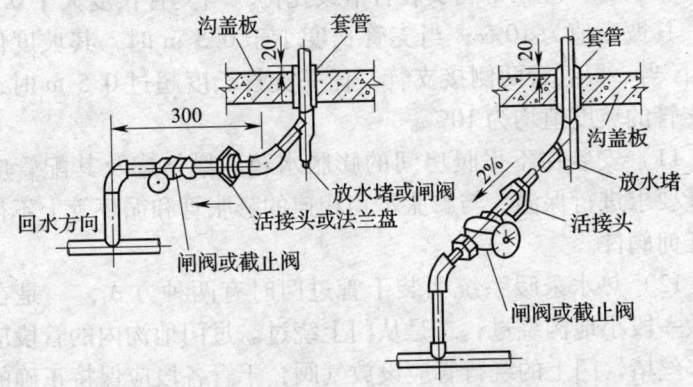

图6—17 地沟内干管与立管的连接形式

5）采暖管道穿过隔墙和楼板时应装设套管；安装在楼板内的套管，上端应高出地面20 mm，在厨房、卫生间等易积水的房间，应高出地面40 mm；套管下端应与楼板底面相平。安装在隔墙内的套管的两端应与饰面相平。

6）每根立管的上、下端均应安装阀门，以调节流量；检修和使用时应安活接头或长螺纹管箍，以便于拆卸。

7）采暖管道敷设时要有一定的坡度：对于热水管道，汽、水同向流动的蒸汽管和凝结水管，坡度宜采用3‰，不得小于2‰；对于汽、水逆向流动的蒸汽管，坡度不得小于5‰。如因条件限制,热水管道可采取无坡度敷设(如水平单管串联系统的散热器连接管),但管道中的水流速度不得小于 0.25 m/s。

8) 当管径小于或等于 32 mm 时,宜采用螺纹管件连接,但管子对口也可采用气焊连接;当管径大于 32 mm 时,宜采用焊接或法兰连接。

9) 采暖立管与支管相交时,应使立管绕过支管,即在立管上煨制抱弯。有些地方已有可锻铸铁抱弯成品件,免去了热煨抱弯的麻烦。

10) 有关散热器支管的规定:当连接散热器的支管长度大于 1.5 m 时,应在中间安装管卡或托钩。当支管长度大于 0.5 m 时,其坡度值为 10‰;当支管长度小于 0.5 m 时,其坡度值为 5‰;当一根立管两侧接支管,任一支管长度超过 0.5 m 时,两侧支管的坡度值均为 10‰。

11) 安装在不采暖房间的膨胀水箱、集气罐及其配管应按设计要求进行保温;与膨胀水箱相连的膨胀管和循环管上不得安装任何阀件。

12) 热水采暖系统明装干管过门时有两种方式,一是在门下做一段小地沟绕过;二是从门上绕过。过门地沟内的管段应设泄水丝堵,门上的绕行管应设放气阀,干管各段应保持正确的坡向,如图 6—18 所示为热水采暖干管过门绕行方式。

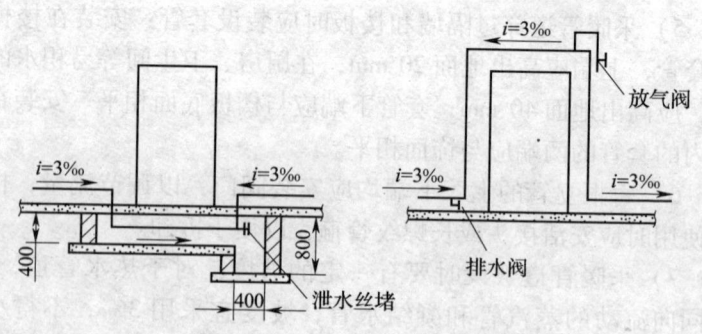

图 6—18 热水采暖干管过门绕行方式

13）及时排出管道系统中的空气是热水采暖系统顺利启动和正常运行的重要条件。在不同的系统图中，排气方式各不相同：在自然循环系统中，水流缓慢，空气可以通过膨胀水箱排出；在水平串联系统中，空气通过各层散热器上部的手动放气阀排出；在下分式系统中，空气通过顶层散热器上的手动放气阀排出；在上分式系统中，空气通过干管各段最高处的集气罐排出。

（3）支架的安装

1）根据管道坡度放线，按照支架间距，在墙上或柱上画出支架的位置，然后根据设计指定采用《采暖通风图集》中支架的类型进行加工和安装。

2）严格按设计要求固定及安装支架，并设在伸缩器预拉伸前。

3）吊架应设在热位移相反方向，按位移值的一半倾斜安装。

4）导向或滑动支架的滑动面应洁净、平整，安装位置应从支撑面中心向热位移反方向量出位移值的一半。

5）弹簧支架、吊架中弹簧的安装高度应按设计要求调整。弹簧的临时固定件应待试压、绝热保温后拆除。

二、散热器的安装

散热器的种类较多，安装程序不尽相同，现以片式散热器为例说明其安装程序。

1. 散热器的安装程序

编制组片统计表→散热器组对→外拉条预制、安装→散热器单组水压试验→除锈、喷漆→散热器的安装→散热器冷风门的安装→支管的安装→系统试压→涂漆等。

2. 列出散热器的组对数

按施工图分段、分层、分规格统计列出散热器的组对数，以便组对和安装使用。

3. 散热器组对

（1）将散热器内的脏物、污垢及对口处的铁锈清除干净。

（2）准备好散热器组对工作台或做成临时组对架。

(3) 组对前应选择好衬垫,当介质为蒸汽时,选用厚度为 1 mm 的石棉垫涂抹铅油作为衬垫;介质为过热水时,采用高温耐热橡胶石棉垫;介质为一般热水时,采用耐热橡胶垫。

(4) 组对时应两人一组放好第一片,拧上对丝一扣,套上胶垫,将第二片反扣对准对丝,找正后两人各用一手扶住暖气片,另一手将对丝钥匙插入对丝内径,先将钥匙稍微反拧一点,然后再顺转,使对丝两端入扣,然后缓慢、均衡地交替拧紧上、下对丝,按此方法逐片组对至需要的片数为止。再将外拉条穿入,用扳手均匀拧紧,丝扣外露不超过一个螺母的厚度。

4. 散热器组对后进行水压试验

(1) 散热器试压管路接好后,打开进水阀灌水,同时打开散热器放气阀排净空气。

(2) 灌满水后,加压到工作压力的 1.5 倍,但不小于 0.6 MPa,持续 2~3 min,压力不降且不渗漏为合格。如有渗漏,找准位置后将接口上紧或卸下更换。返修完毕再进行水压试验,直至合格为止。

5. 散热器的安装

(1) 散热器托钩、支架的安装。散热器托挂在墙上时,应根据散热器离地面的高度(一般不小于 150 mm)在墙上画出托钩的位置。当散热器布置在窗台下时,散热器中心须与窗户中心一致,偏差不得超过 20 mm。然后在墙上凿眼,安装支架、托架。支架、托架栽入砖墙的尺寸(不包括抹灰面)应不小于 110 mm,或采用膨胀螺栓固定托架、支架。

(2) 散热器的安装

1) 安装带腿散热器时,将散热器组抬至安装位置就位,用水平尺找正,检查散热器腿是否与地面接触平稳、严实。达到规定标准后将固定卡的螺栓在散热器上拧紧。若上面也为托钩,则须待完全达到强度后再行就位。若出现不平现象,可以用锉刀磨平、找正。严禁用木块或砖石垫高,必要时可用垫块找平。

2) 挂装柱型散热器和辐射对流散热器时,将其轻轻抬起放在托钩上立直,将固定卡摆正并紧固。

3) 安装钢制闭式串片式和钢制板式散热器时,应将其抬起并挂在固定支架上,装上垫圈和螺母,紧固到一定程度后找平、找正,再拧紧到位。

三、附属设备的安装

1. 热水采暖系统附属设备的安装

(1) 膨胀水箱的安装。膨胀水箱是热水采暖系统重要的附属设备,它起着容纳系统膨胀水,排出系统中空气,为系统补水、定压,使系统保持正压运行状态,防止空气渗入的作用。

膨胀水箱的安装位置在系统的最高点,其管路配置如图 6—19 所示。膨胀管、溢流管、循环管上均不安装阀门。膨胀管接入系统回水干管上,此连接点为定压点。膨胀管与循环管在回水干管上的连接间距应不小于 2.0 m。排污管可与溢流管连接,排至排水池或排水管道中。水箱基础或支架的位置、标高、几何尺寸和强度均应核对和检查,发现异常应与有关人员商定处理方法。水箱基础表面应水平,水箱安装后应与基础接触紧密。水箱安装前应按设计要求进行量尺、画线,在基础上做出安装位置的记号。膨胀水箱安装在非采暖房间内时应进行保温,保温材料及方法遵照设计要求。敞口水箱应做满水试验,密闭水箱应进行水压试验,待合格后方可进行保温。

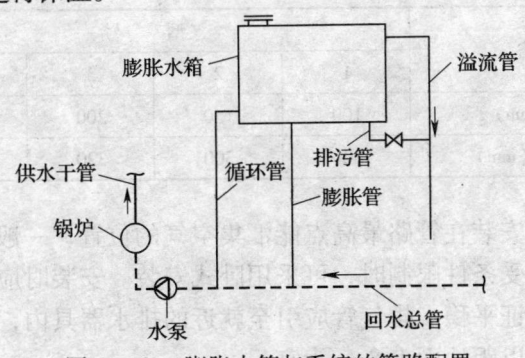

图 6—19 膨胀水箱与系统的管路配置

膨胀水箱应安装在承重墙上,并铺设在槽钢支架上,箱底和支架距地面高度应不小于 400 mm。所有与膨胀水箱连接的管道均应用活接头或法兰连接,以便于拆卸。

(2)集气罐和自动排气阀的安装

1)集气罐的安装。集气罐有立式和卧式两种安装形式,是热水采暖系统定期排气的装置,其结构及安装如图 6—20 所示,规格尺寸见表 6—1。

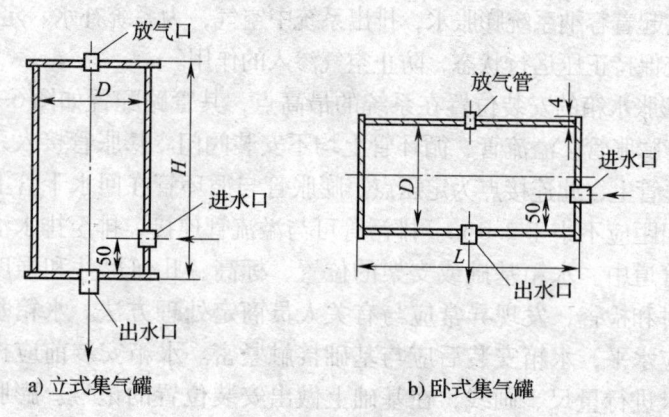

图 6—20 集气罐的结构及安装

表 6—1　　　　　　　集气罐的规格尺寸

规格	型号			
	1	2	3	4
DN(mm)	100	150	200	250
H(L)(mm)	300	300	320	430

集气罐安装在管路最高点能汇集空气的位置,一般多采用立式安装。当受条件限制时,可采用卧式安装。安装时应采用支架固定,以保证平稳。排气管应引至就近的排水器具内,其排气阀的安装高度以距地面 1.8 m 为宜。

2）自动排气阀的安装。它能自动排出系统内的气体，而且体积小，安装方便，不需要专人开启排气阀，避免人工操作的麻烦，现已广泛应用在热水采暖系统中。

如图6—21所示为一种自动排气罐。罐内设有浮桶，当罐内充满水时，浮桶上浮，将排气口封堵，即不漏水也不排气。当罐内汇集空气时，水位下降，浮桶下沉，排气口打开进行排气。空气排出后，水位上升，浮桶浮起，将排气口重新关闭。自动排气阀连接管上应安装一个闸阀，以便于检修排气阀。

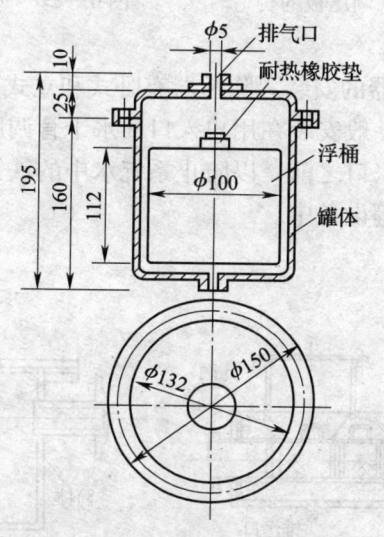

图6—21　自动排气罐

（3）调压板的安装。调压板又称减压板、多节流孔板等。调压板的构造如图6—22所示，它一般由不锈钢制成，中间有带锥度的圆孔，安装在两片法兰之间，锥形部分指向水流下游方向，前面应有10倍于管径的直管长度，后面应有不小于5倍管径的直管长度。调压板的安装如图6—23所示。调压板孔应与管道同轴，不得有偏斜现象。

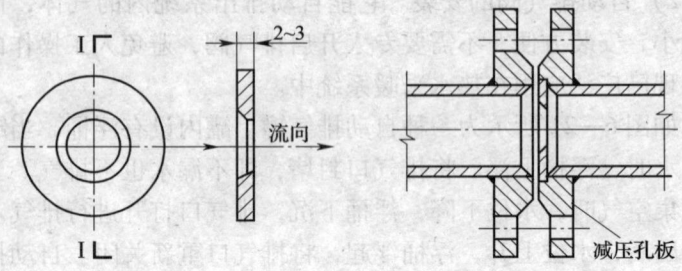

图6—22 调压板的构造　　图6—23 调压板的安装

（4）除污器的安装。除污器有卧式和立式两种，如图6—24所示。除污器一般安装在用户入口回水干管调压板之前和锅炉房循环水泵的进水口之前，以防止系统水中的铁锈、泥沙、杂物进入水泵和锅炉等设备中。

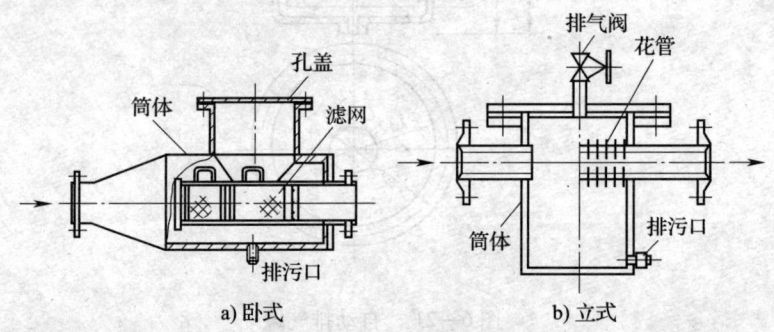

图6—24　除污器

2．蒸汽采暖系统附属设备的安装

（1）疏水器的安装。安装疏水器是为了自动阻止蒸汽通过，并及时排出设备及管路中的冷凝水，以保证系统正常运行。

疏水器种类较多，如图6—25所示为一种低压恒温式疏水器（回水盒），它安装在低压蒸汽供暖系统的散热器出口管路上。

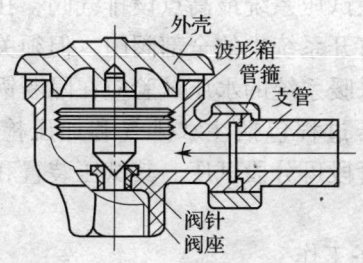

图6—25 低压恒温式疏水器

(2) 减压阀的安装。减压阀的作用是将管内蒸汽压力降低到用户需要的压力值,并能自动保持稳定。减压阀的种类有弹簧式、活塞式、膜片式和波纹管式等。其中活塞式减压阀工作可靠,维护工作量少,减压范围大。

减压阀安装前应先拆洗干净,组装后再安装。安装时应注意方向,防止装反。减压阀应安装在热力入口的供汽管路水平干管上,如图6—26所示。

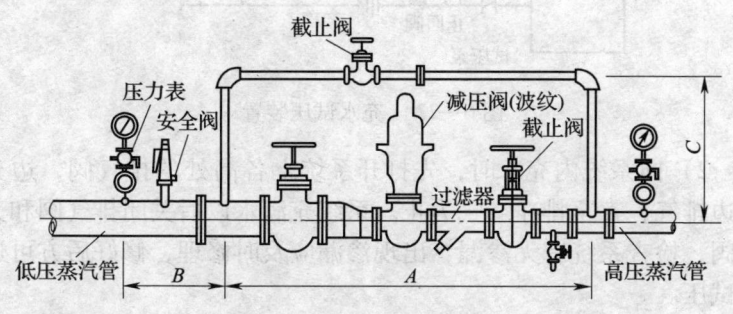

图6—26 减压阀的安装

四、采暖系统的试压与冲洗

1. 采暖系统的试压

采暖系统安装完毕应进行水压试验,试压的目的是检查管路的强度与严密性。室内采暖系统可以分段试压,也可以整个系统试压。试压前,在试压系统最高点设排气阀,在系统最低点装设手压泵或电泵。打开系统中的全部阀门,但须关闭与室外系统相通的阀门。热水采暖系统的水压试验应在隔断锅炉和膨胀水箱的条件下进行。试压过程包括注水排气和加压检漏。当系统较大时,需要隐蔽的管段可分段试压。其试压装置和方法与室内给水管路相同。

(1) 试压准备工作

1) 在试压管段高处装设排气装置,低点设充水试压装置,如图6—27所示。采暖系统若为上分式,应从回水管低处向系统内充水;如为下分式系统,应从供水管低处充水。打开系统中的有关阀门。隔断连接膨胀水箱和锅炉的管路。

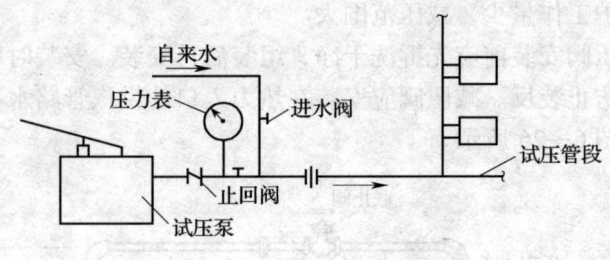

图6—27 充水试压装置

2) 向系统内充水时,先打开系统上各高处的排气阀,边充水边排气,直至排净空气为止。系统充满水以后关闭排气阀和充水阀,检查系统有无渗漏,出现渗漏应及时修理,修好后方可进行试压。

(2) 试压步骤

1) 打开进水阀,启动试压水泵缓慢加压,观察压力表数值,达到一定值时暂停加压,对系统进行检查,如未出现问题可继续加压,直至试验压力为止。

2) 试验压力应达到设计要求。当设计未注明时,应符合以下规定:

①蒸汽、热水采暖系统应以系统顶点工作压力加 0.1 MPa 做水压试验，同时在系统顶点的试验压力应不小于 0.3 MPa。

②高温热水采暖系统的试验压力应为系统顶点工作压力加 0.4 MPa。

③塑料管及复合管的热水采暖系统应以系统顶点工作压力加 0.2 MPa 作为水压试验的压力，同时在系统顶点的试验压力应不小于 0.4 MPa。

3）水压试验检验方法

①对于使用钢管及复合管的采暖系统，在试验压力下 10 min 内压力降应不大于 0.02 MPa，降至工作压力后检查，不渗、不漏为合格，即可停止试压。

②对于使用塑料管的采暖系统，在试验压力下 1 h 内压力降应不大于 0.05 MPa，然后降至工作压力的 1.15 倍，稳压 2 h，压力降应不大于 0.03 MPa，同时，各连接处不渗、不漏为合格。

4）水压试验合格后，经专业监理人员认定，将试验结果填入采暖系统试压记录表存档。

2. 采暖管道的冲洗

系统试压合格后，应分段对系统进行冲洗，冲洗顺序一般按主管、支管依次进行。冲洗方法如下：

（1）冲洗前，应先将系统内仪表、过滤器、除污器等部件予以保护或拆除，冲洗后再复位。

（2）用水冲洗时可先冲洗底部干管，然后再冲洗各支管。

（3）冲洗时冲洗水应有足够的流量，流速不小于 1.5 m/s。排放管的断面不小于被冲洗管断面的 60%。保证冲洗水排放畅通。

（4）冲洗水应连续进行。当设计无规定时，观察排出口出水不含泥沙、铁屑等杂质，且水色不浑浊为合格。

（5）管道系统经冲洗后将水排尽，除进行必要的恢复工作外，不得进行影响管内清洁的其他作业，对系统可进行封闭保护，填写管道系统冲洗记录表。

五、采暖系统安装质量与验收

室内采暖系统安装质量应遵照国家标准《建筑给水排水及采暖工程施工质量验收规范》(GB 50242—2002)第8项的规定进行检查和验收。摘录如下:

1. 管道及配件安装

(1) 主控项目

1) 管道安装坡度在设计未注明时应符合下列规定:

①气、水同向流动的热水采暖管道和汽、水同向流动的蒸汽管道及凝结水管道,坡度应为3‰,不得小于2‰。

②气、水逆向流动的热水采暖管道和汽、水逆向流动的蒸汽管道,坡度不应小于5‰。

③散热器支管的坡度应为1%,坡向应利于排气和泄水。

2) 补偿器的型号、安装位置和预拉伸以及固定支架的构造和安装位置应符合设计要求。

3) 平衡阀及调节阀型号、规格、公称压力及安装位置应符合设计要求。安装完后应根据系统平衡的要求进行调试并做出标志。

(2) 一般项目

1) 热量表、疏水器、除污器、过滤器及阀门的型号、规格、公称压力和安装位置应符合设计要求。

2) 钢管管道焊口尺寸的允许偏差和检验方法见表6—2。

表6—2　钢管管道焊口尺寸的允许偏差和检验方法

项次	项目		允许偏差	检验方法
1	焊口平直度	管壁厚10mm以上	1/4管壁厚	用焊接检验尺和游标卡尺检查
2	焊缝加强面	高度	+1 mm	
		宽度		
3	咬边	深度	小于0.5 mm	用直尺检查
		长度　连续长度	25 mm	
		总长度(两侧)	小于焊缝长度的10%	

3）上供下回式系统的热水干管变径应顶平偏心连接,蒸汽干管变径应底平偏心连接。

4）焊接钢管管径大于 32 mm 的管道转弯,在作为自然补偿时应使用煨弯。塑料管及复合管除必须使用直角弯头的场合外应使用管道直接弯曲转弯。

5）管道、金属支架及设备的防腐和涂漆应附着良好、无脱皮、起泡、流淌和漏涂缺陷。

6）钢管管道焊口的允许偏差和检验方法见表 6—3。

表 6—3　　钢管管道焊口的允许偏差和检验方法

项次	项目		允许偏差（mm）	检验方法
1	厚度 δ		$\pm 0.1\delta$ -0.05δ	用钢针刺入
2	表面平整度	卷材	5	用 2 m 靠尺和楔形塞尺检查
		涂抹	10	

7）采暖管道安装的允许偏差和检验方法见表 6—4。

表 6—4　　采暖管道安装的允许偏差和检验方法

项次	项目			允许偏差	检验方法
1	横管道纵、横方向弯曲（mm）	每 1 m	管径≤100 mm	1.0	用水平尺、直尺测量或拉线检查
			管径＞100 mm	1.5	
		全长（25 m 以上）	管径≤100mm	不大于 13	
			管径＞100mm	不大于 25	
2	立管垂直度（mm）	每 1 m		2	吊线和用直尺测量
		全长（5 m 以上）		不大于 10	
3	弯管	椭圆率 $\dfrac{D_{max}-D_{min}}{D_{max}}$	管径≤100	10%	用外卡钳和直尺测量
			管径＞100	8%	
		褶皱不平度（mm）	管径≤100mm	4	
			管径＞100mm	5	

注：D_{max} 和 D_{min} 分别为管子最大外径及最小外径。

2. 辅助设备及散热器安装

(1) 主控项目

1) 散热器组对后以及整组出厂的散热器在安装之前应做水压试验。如设计无要求时，试验压力应为工作压力的1.5倍，且不小于0.6 MPa。

检验方法：试验时间为2~3 min，压力不降，且不渗、不漏。

2) 水泵、水箱、热交换器辅助设备，参见国家标准《建筑给水排水及采暖工程施工质量验收规范》(GB 50242—2002)的相关规定。

(2) 一般项目

1) 散热器组对应平直、紧密，组对后的平直度允许偏差应符合表6—5的规定。

表6—5　　　　散热器平直度允许偏差

项次	散热器类型	片数	允许偏差（mm）
1	长翼型	2~4	4
		5~7	6
2	铸铁片式、钢制片式	3~15	4
		16~25	6

2) 散热器背面与装饰后的墙内表面安装距离应符合设计或产品说明书要求。如设计未注明，应不小于30 mm。

3) 散热器支架、托架的安装位置应准确，埋设牢固。散热器支架、托架的数量应符合设计或产品说明书要求。如设计未注明，则应符合表6—6的规定。

4) 散热器安装允许偏差和检验方法见表6—7。

表 6—6　　　　散热器支架、托架的数量

项次	散热器型号	安装方式	每组片数	上部托钩或卡架数	下部托钩或卡架数	合计
1	长翼型	挂墙	2~4	1	2	3
			5	2	2	4
			6	2	3	5
			7	2	4	6
2	M132 柱型 柱翼型	挂墙	3~8	1	2	3
			9~12	1	3	4
			13~16	2	4	6
			17~20	2	5	7
			21~25	2	6	8
3	M132 柱型 柱翼型	带足落地	3~8	1	—	1
			8~12	1	—	1
			13~16	2	—	2
			17~20	2	—	2
			21~25	2	—	2

表 6—7　　　　散热器安装允许偏差和检验方法

项次	项目	允许偏差（mm）	检验方法
1	散热器背面与墙内表面距离	3	用直尺测量
2	散热器中心线与窗中心线或设计定位尺寸线	20	
3	散热器垂直度	3	吊线和用直尺测量

六、采暖系统的运行与维护

为了使整个供热采暖系统能够正常运行，使其达到设计所需

的供热量或室内温度,就必须对供热采暖系统进行热量调节和运行的维护与管理。

1. 供热采暖系统的热量调节

(1) 分类。供热采暖系统的调节可分为初调节和运行调节两种。所谓初调节是指系统安装全部完成后,交工验收之前,根据设计参数的要求,由施工单位负责进行的投入运行的调节,有时又称为安装调节。所谓运行调节是指系统在运行过程中,用来保证用户所需供热量能随季节或室外气候条件变化而变化,以保持室内温度按要求而进行的调节。运行调节通常是由使用单位负责进行的。对于初调节,它可分为室外管网和室内管网两部分的调节;根据热媒情况的不同,又可分为热水供热采暖管网的初调节和蒸汽供热采暖管网的初调节。对于运行调节,根据调节的方法不同,可分为改变供水温度的质调节、改变流量的量调节和改变每天供热时间的间歇调节;按调节的地点不同,又可分为在热源处进行的集中调节、在用户入口进行的局部调节和在用户热设备(如散热器等)上进行的个体调节。

(2) 室内热水采暖系统初调节的方法。靠临时挂设在各房间内温度计的计量,通过各立管和支管阀门的开启度来调节(先调节立管,后调节用热设备、散热器支管),即把最热的立管和支管的阀门关小些,而把不太热或不热的立管和支管阀门开大些(通常立管阀门和支管阀门的开启度由近到远逐渐开大)。对于同程式采暖系统,中间部分立管的流量可能偏小,调节时应适当关小离主立管最远和最近的立管上的阀门;对于双管采暖系统,由于自然作用压力的影响,上层散热器处于较有利的状态,因此,往往上层散热器支管阀门的开启度应小些,下层支管阀门的开启度应越往下越大。

(3) 室外供热管网的运行调节。对于室外供热管网,运行调节有质调节、量调节和间歇调节等多种方式。质调节是在网路循环流量不变的情况下,用增减投入运行的锅炉台数或调整炉膛的燃烧温度的办法，调整系统供、回水的温度来实现的；量调节（不改变供热水温）是通过调整各用户入口和管网上的阀门，或锅炉房分水器和集水器处分配阀门的开启度，以及采用不同流量的循环水泵工作来实现的，并可通过观察分水器温度计和集水器回水管上的温度计，判断各用户供、回水温度是否符合要求；间歇调节则是通过改变每日的供热时间和供热次数来进行调节的。

采暖系统一般以区域锅炉房或热交换站将热媒送往用户。除应安排对管道进行日常巡视外，还应特别注意管网的输水、排气状况；伸缩器和两侧导向支架的工作情况，看其是否有卡死现象；减压阀、安全阀、仪表等动作是否灵活，并定期检修。

2. 热水采暖系统的使用与维护

热水采暖系统在使用过程中常见的故障是散热器热得慢或根本不热。下面就常见故障进行分析。

(1) 供水温度过低。通过测量，若温度明显偏低，应提高供水温度。

(2) 供水水量不足。若供、回水温差过大，室内又热不起来，应增大循环水量。

(3) 系统中窝有空气。应通过各放气装置将空气放掉，并在系统中每一个最高点都设置排气装置。

(4) 系统水力失调。使用中若发现远离进口的立管不热，可以通过调节阀门或增设节流孔板等进行调节；若调节不见效，可采用同程系统。

(5) 系统竖向热力失调。这种故障可以通过调节阀门或增加循环水量排除，同时注意散热器内是否窝有空气。

(6) 堵塞。定期对管路进行冲洗、除垢、除锈，在系统停止运行期间，应充以软化水或用加热至 80℃ 以上的水进行养护。

热水供暖系统常见故障及其排除方法见表 6—8。

表 6—8　　热水供暖系统常见故障及其排除方法

现象	产生原因	排除方法
采用双管系统时，多层建筑上层的散热器过热，下层过冷	上层流量过大	关小上层散热器阀门
异程系统末端不热	1. 前面立管的阀门开得过大，流量过多 2. 干管末端空气阻塞	1. 关小前面立管的阀门 2. 排出集气罐内的空气
下行上给式上层散热器不热	1. 空气未排出 2. 循环泵出力不足 3. 膨胀水箱缺水，系统上部脱空	1. 检查散热器上的放气阀或管道上的放气阀，并排出空气 2. 检查循环泵，调整或更换水泵 3. 修复膨胀水箱的补水装置
局部散热器不热	1. 管内被污物堵塞 2. 进水管坡向错误，造成积气 3. 阀门关闭失灵 4. 集气罐存气太多，阻塞管路 5. 管路接法不佳（如T形三通连接两个90°弯头），造成水流不畅，积气	1. 在管线上转弯处与阀门前用手摸试其温度，敲打听声，必要时拆开修理 2. 改正坡向 3. 拆开修理 4. 检查集气罐后边的管线及设备，如果全是冷的，可能是气阻，应排出空气 5. 改变管线接法，不用T形三通，两个90°弯头改成两个135°弯头

续表

现象	产生原因	排除方法
上行下给单管系统，上层过热、下层不热	1. 上层散热器面积过大，散热太多，水温温降太大 2. 循环泵出水量不足	1. 适当减小上层暖气片面积，或加设跨越管，加装三通调节阀 2. 检查循环水泵，调整或更换水泵
介质输送不到，压力降落很大，管道上相邻两点的压力和温度突变	1. 管内有水垢、泥沙，管内沉淀物聚集 2. 安装或检查管道时将杂物或密封填料等落入管内	1. 定期清洗管道，清除管内杂质 2. 找出堵塞物位置，清除堵塞物

第七单元　保温防腐工程

培训目标： 1. 了解管道防腐的种类和方法。
　　　　　　2. 掌握管道保温层的结构和施工方法。

模块一　管道及设备的防腐

一、防腐作业的准备工作

1. 一般应在系统试压合格后再进行管道和设备的防腐作业。
2. 主要材料底漆、面漆及沥青等应有产品合格证或分析检验报告，并符合设计要求。
3. 现场进行防腐作业时应有足够的场地，环境温度应在5℃以上，否则应采取冬期施工措施。
4. 备齐防腐作业所需的机具，如钢丝刷、除锈机、砂轮机、空压机、喷枪等。

二、防腐作业

建筑安装工程中的管道、容器、设备等常因其腐蚀损坏而引起系统的泄漏，既影响生产又浪费能源，输送有毒介质的管道还会造成环境污染和人身伤亡事故。许多工艺设施会因腐蚀而报废，最后成为一堆废铁。金属的腐蚀原因是复杂的，而且常常是难以避免的。为了防止和减少金属的腐蚀，延长管道的使用寿命，应根据不同情况采取相应的防腐措施。防腐的方法很多，如采取金属镀层、金属钝化、电化学保护、衬里及涂料工艺等。在管道及设备的防腐方法中，采用最多的是涂料工艺。对于明装的管道和设备，一般可涂刷涂料，对于设置在地下的管道，则多采用沥青涂料。

1. 管道的清理和除锈

为了提高涂料防腐层的附着力和防腐效果，在涂刷涂料前应清除钢管和设备表面的锈层、油污和其他杂质。

钢材表面的除锈质量分为以下四个等级。

一级要求彻底除净金属表面上的油脂、氧化皮、锈蚀等一切杂物，并用吸尘器以及干燥、洁净的压缩空气或刷子清除粉尘。表面无任何可见残留物，呈现均一的金属本色，并有一定粗糙度。

二级要求完全除去金属表面的油脂、氧化皮、锈蚀等一切杂物，并用工具清除粉尘。残留的锈斑、氧化皮等引起轻微变色的面积在任何部位 100 mm×100 mm 的面积上不得超过5%。

一级和二级除锈标准一般必须采用喷砂除锈和化学除锈的方法才能达到。

三级要求完全除去金属表面上的油脂、疏松氧化皮、浮锈等杂物，并用工具清除粉尘。紧附的氧化皮、点锈蚀或旧漆等斑点状残留物面积在任何部位 100 mm×100 mm 的面积上不得超过1/3。三级除锈标准可采用人工除锈、机械除锈和喷砂除锈方法达到。

四级要求除去金属表面的油脂、铁锈、氧化皮等杂物，允许有紧附的氧化皮、锈蚀或旧漆存在，通过人工除锈即可达到。建筑设备安装中的管道和设备一般要求表面除锈质量达到三级。常用除锈的方法有人工除锈、喷砂除锈、机械除锈和化学除锈。

（1）人工除锈。人工除锈常用的工具有钢丝刷、砂布、刮刀、锤子等。当管道设备表面有焊渣或锈层较厚时，先用锤子敲除焊渣和锈层；当表面油污较重时，用溶剂清理油污。待干燥后用刮刀、钢丝刷、砂布等刮擦金属表面，直到露出金属光泽为止。再用干净的废棉纱或废布擦干净，最后用压缩空气吹净。钢管内表面的锈蚀可用圆形钢丝刷来回拉擦。

人工除锈劳动强度大,效率低,质量差,但工具简单,操作容易,适宜对各种形状表面的处理。由于安装施工现场多数不便使用除锈机械设备,所以在建筑设备安装工程中人工除锈仍是一种主要的除锈方法。

(2) 喷砂除锈。喷砂除锈是指采用 0.35~0.5 MPa 的压缩空气,把粒度为 1.0~2.0 mm 的砂子喷射到有锈污的金属表面上,靠砂粒的打击去除金属表面的锈蚀和氧化皮等。用除锈装置喷砂时,工件表面和砂子都要经过烘干,喷嘴距离工件表面 100~150 mm,并与之成 70°夹角,喷砂时应尽量顺风操作。用这种方法能将金属表面凹处的锈蚀除尽,处理后的金属表面粗糙且均匀,使涂料能与金属表面很好地结合。喷砂除锈是加工企业或预制企业常用的一种除锈方法。

喷砂除锈操作简单,效率高,质量好,但喷砂过程中产生大量的灰尘,污染环境,影响人们的身体健康。为减少尘埃的飞扬,可用喷湿砂的方法来除锈。喷湿砂除锈是将砂子、水和缓蚀剂在储砂罐内混合,然后沿管道至喷嘴高速喷出。缓蚀剂(如磷酸三钠、亚硝酸钠等)能在金属表面形成一层牢固而密实的膜(即钝化),可以防止喷砂后的金属表面生锈。

(3) 机械除锈。机械除锈是指用电动机驱动的旋转式或冲击式除锈设备进行除锈,除锈效率高,但不适用于形状复杂的工件。常用除锈机械有旋转钢丝刷、风动刷、电动砂轮等。

(4) 化学除锈。化学除锈又称酸洗,是使用酸性溶液与管道设备表面的金属氧化物进行化学反应,使锈蚀溶解在酸性溶液中。用于化学除锈的酸液有工业盐酸、工业硫酸、工业磷酸等。酸洗前先将水加入酸洗槽中,再将酸缓慢注入水中并不断搅拌。当加热到适当温度时,将工件放入酸洗槽中,掌握酸洗时间,避免清理不净或侵蚀过度。酸洗完成后应立即进行中和、钝化、冲洗、干燥,并及时涂漆。

2. 防腐层的涂刷

涂料防腐的原理就是靠涂膜将空气、水分、腐蚀介质等隔离开,以保护金属表面不受腐蚀。常用的管道和设备表面涂漆方法有人工涂刷和机械喷涂等。

(1) 人工涂刷。先将涂料搅拌均匀,一般应添加 10%~20% 的稀释剂。开始先试刷,检验其颜色、稠度,合格后再开始涂刷,涂刷时应注意表面不得有流淌、堆积或漏刷等现象。

(2) 机械喷涂。稀释剂的添加量略多于人工涂刷。喷涂时,涂料流要与被涂面垂直,喷枪的移动要均匀、平稳。

3. 涂料防腐一般要求

(1) 明装管道、设备及容器必须先刷一道防锈漆,待交工前再刷两道面漆。如有保温和防结露要求应刷两道防锈漆。

(2) 暗装管道、设备及容器刷两道防锈漆,第二道防锈漆必须待第一道漆干透后再刷,且防锈漆稠度要适宜。

(3) 镀锌钢管、钢管的直埋管道防腐应根据设计要求决定,如设计无规定时,可按表 7—1 的规定选择防腐层做法。卷材与管材间应贴牢固,无空鼓、滑移、接口不严等缺陷。

表 7—1 管道防腐层做法

防腐层层次(从金属表面起)	正常防腐层	加强防腐层	特加强防腐层
1	冷底子油	冷底子油	冷底子油
2	沥青涂层	沥青涂层	沥青涂层
3	外包保护层	加强包扎层(封闭层)	加强包扎层(封闭层)
4		沥青涂层	沥青涂层
5		外保护层	加强包扎层(封闭层)
6			沥青涂层
7			外包保护层
防腐层厚度不小于 (mm)	3	6	9

模块二　管道及设备的保温

一、概述

绝热包括保温和保冷。它是为减少系统热量向外传递或外部热量传入系统而采取的一种工艺措施。目的是减少冷、热量的损失，节约能源，提高系统运行的经济性。同时，对于热水或蒸汽设备和管道，保温后能改善劳动环境，避免出现烫伤事故，可实现安全生产；对于低温管道和设备（如制冷系统等），保冷后可避免结露或结霜，也可防止人的皮肤与之接触受冻。

保温和保冷是有区别的，保温结构一般情况下不设防潮层，而保冷结构的绝热层外要设防潮层。虽然保温与保冷有所区别，但往往并不严格区分，统称为保温。

室内给、排水管道一般只有防结露的要求。

保温材料应具有的性质包括：热导率低，密度在 400 kg/m³ 以下；有一定强度和耐温性能；对潮湿、水分有一定抵抗力；不含有腐蚀性物质，不易燃；造价低和便于施工等。

目前，保温材料的种类较多，比较常用的有岩棉、矿渣棉、玻璃棉、珍珠岩、硅藻土以及聚氨酯泡沫塑料、聚苯乙烯泡沫塑料、橡塑等。具体选材时应根据设计要求确定，使用时要依据厂家产品说明书中的要求操作。

二、保温结构和施工方法

1. 一般规定

（1）管道及设备的保温在防腐及水压试验合格后方可进行；如需先做保温层，应将管道的接口及焊缝处留出，待水压试验合格后再对接口及焊缝处进行保温处理。保温施工应在除锈、防腐和系统试压合格后进行，注意并保持管道和设备外表面的清洁、干燥。冬、雨期施工时应有防冻、防雨措施。

(2) 保温结构层应符合设计要求。一般保温结构层由绝热层、防潮层和保护层组成。有的要求外表面涂不同颜色和识别标志等。

(3) 保温层的环缝和纵缝接头不得有空隙,其捆扎铁丝或箍带间距为 150~200 mm,并应扎牢。防潮层、保护层搭接宽度为 30~50 mm。

(4) 防潮层应严密,厚度均匀,无气孔、鼓包和开裂等缺陷。

(5) 石棉水泥保护层应有镀锌铁丝网,抹面分两次进行,要求平整、圆滑,无明显裂缝。

(6) 缠绕式保护层的重叠部分为带宽的 1/2。不裹紧,不得有皱褶、松脱和鼓包现象。起点和终点扎牢并密封。

(7) 阀件或法兰处的保温结构应便于拆装,法兰一侧应留有螺栓的空隙。法兰两侧空隙可用散状保温材料填满,并用管壳或毡类材料绑扎好,再做保护层。

2. 管道保温施工方法

(1) 保温层施工。保温层的施工方法与所使用的保温材料有关,常用的方法有以下几种:

1) 涂抹式结构。如图 7—1 所示为涂抹式保温结构。

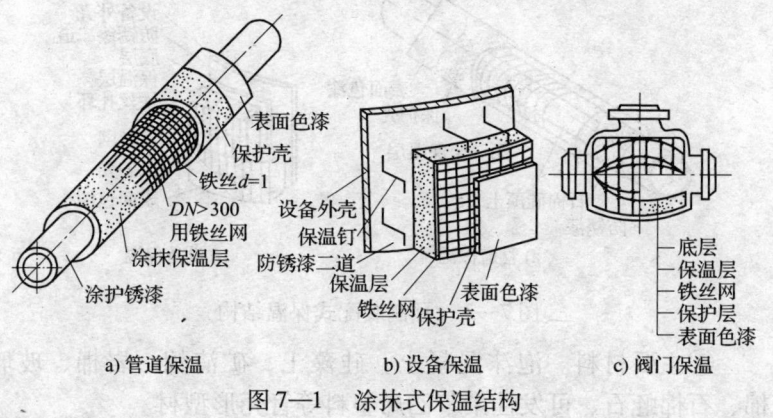

图 7—1　涂抹式保温结构

①主要材料。石棉硅藻土或碳酸镁石棉粉，加辅料石棉纤维。

②配制与涂抹。先将选用的保温材料按比例称量，然后混合均匀，加水调成胶泥状，准备使用。当管径小于等于 40mm 时，保温层厚度较薄，可一次抹好；当管径大于 40 mm 时，可分层涂抹，每层涂抹厚度为 10～15 mm。待前一层干燥后再涂抹后一层，直到达到保温厚度为止。表面抹光，外面按要求再做保护层。

在做立管保温时，其层高小于或等于 5 m 时，每层应设一个支撑托盘；层高大于 5 m 时，每层应不少于 5 个支撑托盘。支撑托盘应焊在管壁上，其位置应在立管卡子上部 200 mm 处，托盘直径不大于保温层的厚度。立管保温应自下而上进行。为防止保温层下坠，可分段在管道上焊上支撑环，然后再涂抹保温材料。支撑环可由 2～4 块扁钢组成。

涂抹式保温结构整体性好，无接缝，适用于任何形状。但它应在环境温度高于 0℃ 的条件下采用。这种方法的施工周期长，效率低。

2）预制装配式结构。如图 7—2 所示为预制装配式保温结构。

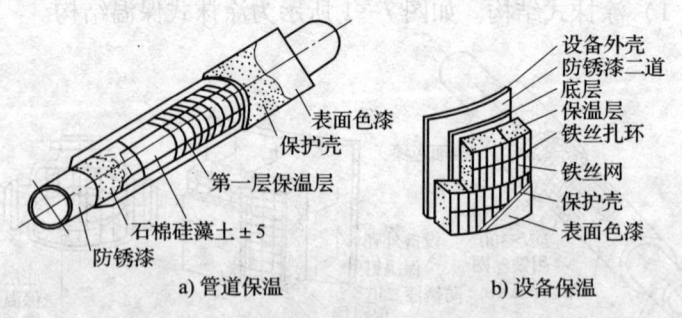

a) 管道保温　　b) 设备保温

图 7—2　预制装配式保温结构

①主要材料。泡沫混凝土、硅藻土、矿渣棉、岩棉、玻璃棉、石棉蛭石、可发性聚苯乙烯塑料等管壳形型材。

②操作方法。先将保温材料预制成扇形块状,围抱管道圆周,块数取偶数,最多取 8 块,以便使横的接缝错开。也可用泡沫塑料、矿渣棉和玻璃棉制成管壳形进行保温。

在预制块装配前,先用石棉硅藻土或碳酸镁石棉粉胶泥涂一层底层,厚度为 5 mm。如用矿渣棉或玻璃棉管壳保温,可不抹胶泥。

预制块铺装时,接缝应相互错开,接缝用石棉硅藻土胶泥填实。用 $\phi 1 \sim 2$ mm 的镀锌铁丝捆扎,间距小于等于 300 mm,每块预制品至少绑扎两处,每处不少于两圈,禁止以螺旋式缠绕。

3) 缠包式结构。如图 7—3 所示为缠包式保温结构。

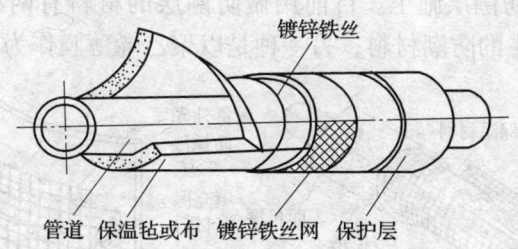

图 7—3 缠包式保温结构

①主要材料。用沥青矿渣棉毡、岩棉保温毡和玻璃棉毡等制作成片状或带状保温结构。

②操作方法。先按管径大小将棉毡剪裁成适当宽度的条块,再把这种条块缠包在已做好防腐层的管子上。包缠时应将棉毡压紧,边缠、边压、边抽紧,使保温后的密度达到设计要求。如果一层棉毡的厚度达不到保温层厚度时,可用多层分别缠包,要注意两层接缝错开。每层纵、横向接缝处用同样的保温材料填充,纵向接缝应放置在管顶上部。

当保温层外径小于 500 mm 时,保温层外面用直径为 1.0~1.2 mm 的镀锌铁丝绑扎,间距为 150~200 mm。每处绑扎的铁丝不少于两圈,禁止以螺旋状缠绕;当保温层外径大于 500 mm

时，除用镀锌铁丝绑扎外，还应用网孔 30 mm×30 mm 的镀锌铁丝网包扎。缠包的材料要平整、无皱，压缝均匀。始、末端接头要处理牢固。

4）填充式结构。如图 7—4 所示为填充式保温结构。

①主要材料。用玻璃棉、矿渣棉和泡沫混凝土等填充在管壁周围和设备外包的特制套子或铁丝网内。

②操作方法。施工时先焊上支撑圈，然后套上铁丝网或特制套子，用铁丝与支撑圈扎牢。再用保温材料填充管子周围和设备外壳。若采用这种方式，在施工时保温材料有较多粉末飞扬，影响施工环境卫生。

（2）防潮层施工。目前用做防潮层的材料有两种，一种是以沥青为主的防潮材料；另一种是以聚乙烯薄膜作为防潮材料。

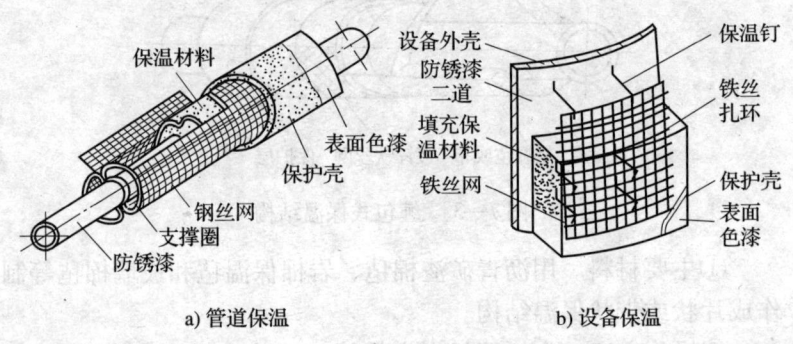

a) 管道保温   b) 设备保温

图 7—4 填充式保温结构

以沥青为主体材料的防潮层施工时，首先剪裁下料，采用油毡包裹法作业时，油毡剪裁的长度为保温层外周长加搭接宽度（一般为 30~50 mm）。对于用玻璃丝布进行包缠法操作时，应将玻璃丝布剪成条带状，其宽度视管子保温层外径大小而定。开始包缠防潮层之前，应先在保温层上涂刷一层 1.5~2.0 mm 厚的沥青或沥青玛琋脂，然后即可将油毡或玻璃丝布包缠在保温层上。纵向接缝应放在管子侧面，接头向下，接缝用沥青或玛琥脂封口，外面再用镀锌铁丝捆扎，铁丝接头不得刺破防潮层。油毡或玻璃丝布包缠好以后，再刷一层沥青或玛琥脂。

（3）保护层施工。保护层常用的材料和形式有：单独用玻璃丝布包缠的保护层；石棉石膏及石棉水泥保护层以及金属薄板保护壳等。

1）单独用玻璃丝布包缠的保护层。单独用玻璃丝布包缠于保温层或防潮层外面，其操作和要求与防潮层做法相同，多用于室内不易被碰撞的管道。对于没设防潮层而又处于易潮湿环境中的管道，为防止保温材料受潮，可先在保温层上涂刷一层沥青或沥青玛琥脂，再将玻璃丝布包缠在保温层上。

2）石棉石膏及石棉水泥保护层。首先按一定配比将石棉石膏或石棉水泥加水调制成胶泥待用。如保温层外径小于 200 mm，用胶泥直接涂抹在保温层或防潮层上；如外径大于等于 200 mm，先用镀锌铁丝网包裹加强后再涂抹胶泥。当保温层或防潮层的外径小于等于 500 mm 时，保护层厚度为 10 mm；否则厚度为 15 mm。

涂抹保护层一般分两次进行。待第一层稍干后，再进行第二遍涂抹，其表面应光滑、平整，不得有明显的裂纹。

3）金属薄板保护壳。作为保护壳的金属板一般采用薄铝板、镀锌铁皮和黑铁皮，板厚根据保护层厚度而定。

金属薄板保护壳预先根据使用对象和形状、连接方式用手工或机械加工成形，再到现场安装在保温层或防潮层表面上。

安装金属薄板保护壳时，应紧贴在保温层或防潮层上，纵、横向接口缝连接应有利于排水，纵向接缝放置在背视一侧，接缝常用自攻螺钉固定，其间距为 200 mm 左右。安装有防潮层的金属薄板保护壳时，为防止自攻螺钉刺破防潮层，可改用镀锌铁皮包扎固定。